위상공간으로 가는 길

전파과학사는 독자 여러분의 책에 관한 아이디어와 원고 투고를 기다리고 있습니다. 디아스포라는 전파과학사의 임프린트로 종교(기독교), 경제·경영서, 일반 문학 등 다양한 장르의 국내 저자와 해외 번역서를 준비하고 있습니다. 출간을 고민하고 계신 분들은 이메일 chonpa2@hanmail.net로 간단한 개요와 취지, 연락처 등을 적어 보내주세요.

위상공간으로 가는 길
직관적 토폴로지의 세계

초판 1쇄   1995년 05월 25일
개정 1쇄   2023년 02월 21일

지은이 혼마 다쓰오
편 역 임승원
발행인 손영일
디자인 장윤진

펴낸곳 전파과학사
주 소 서울시 서대문구 증가로 18, 204호
등 록 1956. 7. 23. 등록 제10-89호
전 화 02-333-8877(8855)
팩 스 02-334-8092
이메일 chonpa2@hanmail.net
공식 블로그 http://blog.naver.com/siencia

ISBN 978-89-7044-587-8 (03410)

위상공간으로 가는 길

직관적 토폴로지의 세계

혼마 다쓰오 지음 | 임승원 옮김

전파과학사

머리말

　현대인은 텔레비전에서 대량의 정보를 얻고 있다. 텔레비전으로 하는 정보의 전달은 문장이나 말을 매개로 하는 방법보다 시각적이고 직접적이다. 이러한 경향은 앞으로 더욱 심화되어 갈 것이다. 우리는 이 직각적(直覺的)으로 사물을 보는 방법을 깊은 통찰력과 논리적 뒷받침을 부여함으로써 잘 육성해 가지 않으면 안 된다.

　학문의 여명의 시대였던 그리스 시대에 기하는 철학과 함께 학문의 핵심이었다. 그 후 대수학과 해석학의 발전 역사 속에 기하 본래의 특징은 희석되어 갔다. 게다가 전자계산기가 있는 현대에서는 전통적인 기하 고유의 성(城)은 수량화라는 시대의 흐름 속으로 수용되어 버리는 것처럼 보인다.

　유클리드 이래 기하의 전통을 지키는 것은 토폴로지(위상기하)다. 토폴로지에서 다루는 도형에는 종전의 기하에서 볼 때 광범위하고 극히 기묘하거나 때로는 병적인 것도 포함된다. 그러나 시각적 직관(直觀)을 존중하고 간결한 논리를 무기로 삼는 점에서 자못 기하다운 기하이고, 다루는 도형이 자유분방하다는 점에서 텔레비전 시대의 기하다.

토폴로지의 역사는 아직 짧다. 학문으로서의 체계를 갖춘 것은 20세기에 들어와서부터다.

그러나 토폴로지적인 사고방식은 옛날부터 있었고 일반사회의 사람들도 일상생활 속에서 무의식중에 그것을 가까이하고 있다. 지하수처럼 대지의 밑을 흐르고 사회의 표면에 나오는 일은 적지만 인간의 사상을 항상 윤택하게 해왔다.

고전적인 기하가 대수학이나 해석학 속으로 차츰 매몰되고 있을 때 수량이나 수식으로 완전히 표현할 수 없는 더 질적이고 더 근원적인 도형의 성질을 밝히려고 등장한 것이 토폴로지다. 이미 집합론과 함께 현대수학의 중요한 기초가 되었다. 또 토폴로지는 해석학이나 대수학과 결합하여 수학의 발전에 커다란 역할을 수행하고 있다. 위상해석학이나 위상군론 등이 좋은 예다.

수학 이외의 세계에서도 현재는 전문적인 토폴로지스트에게 뜻밖인 응용의 길이 열려 있다. 즉 그래프의 이론은 전기의 회로망, 정보, 신호 이론 등의 공학 방면에 가끔 이용된다. 경제학 등에 큰 성과를 올리고 있는 게임의 이론에서 활약하는 부동점정리(不動點定理)나 안장점(saddle point) 정리는 토폴로지의 영역에 속하는 정리이고 특히 부동점정리는 응용 분야가 넓고 그 내용이 아름다운 것 때문에 토폴로지의 대표적 정리다.

서장(序章)에서는 토폴로지의 소개를 가급적 스스럼없는 형태로, 본질을 놓치지 않도록 언급할 생각이다. 이어서 신변의 문제와 여러 가지 관련을 갖는 그래프의 이론으로 들어간 다음, 서서히 내용을 심화시켜 차원을 높임으로써 '위상공간으로 가는 길'을 착실하게 걷기로 했다. 이 책의 개요는 그래프의 장에서 예시한 이 책의 개략적인 그래프를 참고하기 바란다.

또한 이 책에서는 토폴로지를 시각적으로 파악하는 것을 목표로 삼고 가급적 그림을 많이 넣어 이해하는 데 약간의 도움이 되게끔 했다. 이 책을 읽는 여러분이 즐기면서 직관적으로 토폴로지의 사고방식을 흡수할 것을 희망하는 바이다.

혼마 다쓰오

목차

2. 곡선의 장

3. 곡면의 장

4. 역사의 장

5. 고차원의 장

서장

• 토폴로지란

位相幾何

그림 1

위의 그림은 활자체와 필기체에 의한 위상기하(토폴로지)라는 문자다. 인간이라면 이 양쪽이 문자로서 완전히 같은 것이라는 것을 인식할 수 있지만 현재 우리가 가지고 있는 전자계산기로는 아직 불가능한 것 같다. 거듭 쓰인 문자의 미묘한 멋부터 그것을 쓴 사람의 인품까지 상상해야 하는 경우라면 이것은 인간의 독무대일 것이다.

우리가 생각하거나 이야기하거나 보거나 하는 경우에 '같다'라는 개념은 매우 중요하다. 그도 그럴 것이 사람 각자에 따라서 '같다'라는 의미를 받아들이는 방법이 달라지기 때문이다. 역설적으로 말하면 그 사람이 '같다'라는 형용사를 어떻게 파악하고 있는가에 따라서 그 사람의 입장도 저절로 분명해진다. 예컨대 원시인은 3일과 3명은 개수라는 입장에서 보면 '같다'라는 것 등은 생각도 하지 않았을 것이다.

어떠한 2개의 도형을 같다고 보는가에 따라서 여러 가지 기하학이 성립한다. 토폴로지에서의 '같다'는 '동상'(同相)이라는 말을 사용하는데 보통의 기하의 '같다'와 비교하면 그 의미는 참으로 엉성하다. 그러므로 당치도 않은 도형끼리 같다고 간주된다.

"동상인 변환으로 유지되는 것 같은 성질을 규명하는 기하가 토폴로지다." 이것은 에를랑겐의 목록(기하학의 분류)으로 유명한 독일의 수학자 클라인 방식의 표현이다. 수학에 그다지 익숙하지 않은 독자는 "아, 역시 처음에 생각하고 있었던 대로 이 책은 매우 어렵다. 내가 모르는 이상한 단어가 자꾸 튀어나오네……!"라고 생각하는 분도 있을지 모른다. 그러나 '그러한 걱정은 필요 없음!'일 것이므로 조금만 참기 바란다.

그러면 이야기를 진행해보자. 동상이란 1대 1 연속을 의미하고 변환 대신에 사상(寫像)이라든가 대응(對應)이라는 말을 사용하는 경우도 있다. 이러한 성질을 위상불변량(topological invariant)이라고 한다. 동상에 대응하는 개념은 유클리드기하에서는 합동이다. 길이나 넓이, 각의 크기 등은 합동인 변환으로는 변화하지 않는다. 그러므로 이들의 양은 유클리드기하에서는 중요한 의미를 갖는다. 그러나 동상인 변환에서는 길이나 넓이, 각의 크기는 변화해도 지장이 없다. 따라서 이것들이 토폴로지에서 주역이 되는 경우는 적다.

클라인 방식의 사고방식에서는 각각의 기하학은 그 기하에 고유한 변환군을 갖는다. 예컨대 유클리드기하에서는 합동변환의 전체가 변환군이고 토폴로지에서는 동상변환의 전체가 변환군이다. 클라인은 근대 대수학의 성과인 군(群)의 개념으로 가지각색의 기하학을 전망 좋게 분류하고 총괄했다.

그러나 이와 같은 간단한 문장으로 하나의 학문 전체를 설명하는 것은 물론 무리이고 그것은 기하학의 하나의 단면을 알아맞히고 있는 것에 불과하다. 토폴로지를 이해하려면 연속, 연결, 경계 등의 의미를 명확히 알지 않으면 안 된다. 실제 이 말은 중학생도 일상적으로 사용하고 있음에도 불구하고 막상 닥치면 대학에서 수학을 전공하는 학생도 완전히 마스터하는 것은 쉽지 않다. 거기에는 감각적인 이해와 논리적인 이해의 큰 차이가 있다.

이 책에서는 물론 이치만을 내세우는 대학의 교과서와 같은 방법으로 토폴로지를 이해하길 바라지 않는다. 역으로 감각적인 이해를 그대로 키우면서 정확하게 토폴로지의 본질에 다가서고자 한다.

• 근방

토폴로지를 공부하기 위한 출발점을 어디로 선정하는가는 매우 어렵다. 로마는 하나밖에 없을지 모르지만 로마로 가는 길은 얼마든지 있다[토폴로지에서도 개(열린)집합, 폐(닫힌)집합, 집적점 등 여러 가지 입구를 생각할 수 있다]. 이 책에서는 직관적 이해를 기치(旗幟)로 하고 있기 때문에 가장 친근감 있는 말 '근방'(近傍)을 토폴로지 공략의 기지(基地)로 삼고자 한다.

근방이라는 말은 의미가 애매하다. 그러나 그것은 애매해도 지장이 없다. 애매 등이라고 말하면 오해를 초래할지 모르지만 근방은 상대적이고 불확정이다. 또 하나만의 근방으로는 그다지 의미가 없다. 근방의 모임, 즉 근방계(系)로써 생각할 때 그 개념은 비로소 기능을 발휘할 수 있다.

근방이라는 말에서 받는 이미지는 사람에 따라서 매우 다르다. 맞은편 셋집, 양 이웃을 상상하는 사람도 있을 것이다. 또는 자기 주위의 손이 미치는 범위를 근방이라고 해석할지도 모른다. 그 사람이 놓인 입장에 따라서 근방은 넓어졌다 좁아졌다 한다. 화재가 발생했을 때 흔히 '근화(近火) 위문(이웃 화재를 위문함)'이라는 말을 듣는데 이 말 속에 있는 가까운이라는 형용사도 도시와 농촌, 화재의 규모 등에 따라서 의미가 바뀌어도 지장

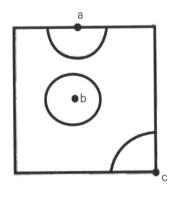

그림 2 | 정사각형의 점의 근방

없다. 근방의 크기도 형태도 가지각색이다.

평면 속 점의 근방이라고 하는 것을 가장 솔직하게 해석하면 그 점을 중심으로 하는 작은 원의 내부를 생각할 수 있다. 그러나 그것보다도 더 작은 원의 내부는 물론 그 점의 근방이라고 해도 될 것이다. 그 점을 중심으로 하는 작은 정사각형의 내부 또한 근방이다.

작다고 하는 것도 근방을 생각하면 결정적인 의미는 갖고 있지 않다. 그 점에 서 있는 것이 코끼리인지 개미인지에 따라서 근방을 잡는 방법이 바뀐다.

직선 속 점의 근방이라고 할 때는 그 점을 한가운데에 놓은 작은 선분의 내부(선분에서 양끝을 제외한 것)라고 생각하는 것이 가장 설득력을 갖는다.

어떤 점의 근방이라고 말할 때는 그 점이 어떤 도형(공간) 속에 있는지가 중요하다. 터널 속에 있는 사람과 길가에 서 있는 사람의 근방의 형태는 저절로 달라진다. 〈그림 2〉와 같이 정사각형 속 점의 근방은 그 점이 정사각형의 어디에 있는가에 따라서 형태가 달라진다.

• 위상공간

위상공간(topological space)이라 함은 점의 집합의 각 점에 근방계가 정의되어 있는 것이다. 조금 어려운 말을 사용하면 점집합의 각 점에 근방계가 주어져 있는 것이 위상공간이다. 물론 어떤 점의 근방이 분명치 않아 결정하기 어렵다라고 하면 곤란하지만 근방계로서의 조건은 여러분의 상식에 맡겨도 괜찮다.

점의 집합과 근방계만 주어져 있으면 위상공간이 되는 것이므로 위상공간이라고 불리는 존재는 참으로 광범위하다. 직선, 평면, 원, 구, 삼각형, 다면체를 비롯한 여러 가지 도형이 위상공간이다. 그러므로 지구, 지구의 표면, 도시, 도로망, 통신망 등도 위상공간이다. 점이라 해도 여기서는 기하학적 점을 의미하지 않아도 된다. 추상적 개념을 하나의 점으로 보는 일도 있다. 여러 가지 추상적 개념이 논리적으로 결부되어 있을 때 그 하나의 논리체계를 위상공간이라 부를 수도 있다.

위상공간의 정의의 특징은 국소(局所)와 대국(大局)의 결합에 있다. 위상공간 전체의 성격을 규정하는 데 근방 또는 근방계라는 국소적인 개념을 토대로 하는 점은 토폴로지의 본질을 잘 나타내고 있다. 토폴로지에서는 국소적인 전제가 대국적인 결론을 유도하는 경우가 실로 많다.

"나무는 보면서 숲은 못 본다(옮긴이: 작은 것에 구애되어 큰 것을 보지 못한다)"여도 곤란하지만 표범의 얼룩무늬 하나를 갖고 표범임을 단정하는 것(옮긴이: 사물의 한 부분을 갖고 전체를 단정하는 것)도 반드시 불가능하지는 않다. 마이크로 세계에서 매크로 세계로의 예술적이라고도 말할 수 있는 논리의 전개를 볼 수 있는 것이다. 국소와 대국과의 관계를 보여주는 좋은 예를 고등학교 정도의 수학에서 구한다면 미분이라는 국소적인 개념이 대국적인 성격을 갖는 적분과 표리(表裏)의 관계에 있는 것이다.

어떤 차원에서의 국소적인 문제가 실은 1차원 낮은 경우에서의 대국적인 문제인 것 같은 관계도 가끔 볼 수 있다. 국소에서 대국으로, 또 대국에서 국소로의 논리의 약동을 바라보고 있는 것만으로도 토폴로지는 제법 즐겁다.

• 연속과 동상

우리집 텔레비전도 나이가 들어서 요즘은 화상(畫像)이 불명료해졌다. 지금으로서는 화면의 일부가 제멋대로 늘어나거나 줄어들거나 하는 것뿐이므로 참고 있지만 그러는 동안에 화면이 불연속적으로 신축을 하거나 일그러지면 새로 바꾸지 않을 수 없다.

연속적인 사상(寫像)에서는 우리집 텔레비전이나 난시(亂視)의 망막에 비치는 상(像) 비슷한 것으로 늘어나거나 줄어들거나 일그러지거나 해도

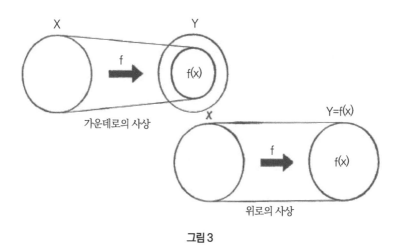

그림 3

괜찮은 것이다.

위상공간 X에서 위상공간 Y로의 사상 $y = f(x)$란 X의 점 x에 대하여 Y의 점 y가 대충 결정되는 것을 의미한다. 다만, x와 x'가 상이한 점이라도 그 상 $f(x)$와 $f(x')$는 일치해도 괜찮다. 특히 x와 x'가 다르면 $f(x)$와 $f(x')$가 다를 때 1대1의 사상이라고 한다. X에서 Y로의 사상 f에서 X의 상 $f(x)$가 Y를 덮어버릴 때 f는 '위로의 사상'이라고 부르고 보통의 사상은 '가운데로의 사상'이라고 부른다(〈그림 3〉 참조).

위상공간 X에서 위상공간 Y로의 사상 f가 1대1로 위로의 사상일 때 f를 1대1의 대응(변환)이라 부르기로 한다. $y = f(x)$가 1대1의 대응이면 y를 x로 옮기는 사상도 1대1의 대응이 되므로 이것을 역(逆)사상이라 말하

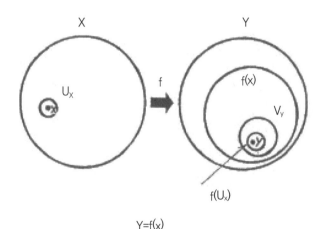

Y=f(x)

그림 4

고 f^{-1}이라고 표기하기로 한다.

위상공간 X에서 위상공간 Y로의 사상 f에 있어서 X의 각 점 x의 충분히 작은 근방의 상은 x의 상 y의 근방에 포함될 때 f는 연속이다라고 한다. 정확히 표현하면 X의 각 점 x와 그 상 y의 임의의 근방 V_y에 대해서 x의 충분히 작은 근방 U_x를 선정할 수 있고 U_x의 상 $f(U_x)$가 V_y에 포함될 때 f는 연속이라고 말한다(그림 4).

위상공간 X에서 위상공간 Y로의 사상 f가 1대1 대응이고 f도 역사상 f^{-1}도 모두 연속일 때 f는 동상사상이라 부르고, X와 Y는 동상(同相)이라고 한다.

우리나라 지도를 바라보자. 우리나라의 각 지점에 대해서 지도상의 한 점이 그것에 대응하고 있다. 이 대응은 분명히 1대1의 대응이다. 근방이라 해도 크기가 전적으로 다르지만 한쪽의 근방이 다른 곳의 근방 안으로 옮아 있다. 그러므로 이것은 동상사상이다. 보다 알기 쉽게 말하면 산이나 분지(盆地)가 있는 요철의 우리나라가 한 장의 평평한 종이의 일부(우리나라 지도)와 동상이라는 것이다.

샹들리에처럼 유리로 만들어진 반구면(半球面)을 X, 그 중심 O에 광원(光源)이 있었다고 한다. 광원으로부터 아래에 있는 평면 Y에 〈그림 5〉와 같이 사상해보자. 다만 반구면 X는 테두리 위에 실려 있는 점은 모두 포함하지 않는 것으로 생각한다. 그림에서는 평면 Y를 평행사변형으로 나타내고 있지만 물론 Y는 무한으로 퍼져 있다. 그런데 이 사상은 동상사상인 것이다. 즉 반구면에서 테두리를 제외한 것과 평면과는 동상이다. 이

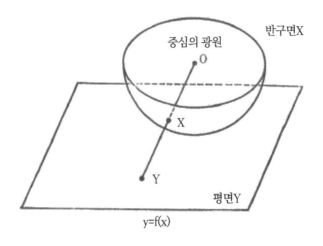

반구면X

중심의 광원

O

X

Y

평면Y

y=f(x)

그림 5

와 같이 유계(有界)인 것과 무한의 퍼짐을 가진 것이 동상이 되는 경우도 있다.

그런데 여기까지 오면 현명한 여러분은 길이도 넓이도 동상인 사상으로 변화할 수 있다는 것을 알았을 것이다. 동상인 사상으로 유지되는 것 같은 양이란 그러한 계량적(計量的)인 것보다 더 본질적인 도형의 성질이다.

1
그래프의 장

• 점과 선으로부터

그래프의 이야기를 첫머리에 가져오는 것을 망설이지 않은 것도 아니다. 필자가 전문으로 하는 바는 다양체이고 토폴로지의 본거(本據)도 거기에 있다고 생각하고 있기 때문이다. 그러나 그것은 아무리 보아도 순수수학에 속하는 영역이어서 일반사람이 최초로 올라야 할 산으로서는 적당하지 않다. 다양체보다도 거듭 친밀감이 있고 또한 실사회와의 관계도 깊은 토폴로지의 분야가 되다 보면 역시 그래프를 첫째로 들 수 있을 것이다.

마쓰모토 세이초의 초기 대표작 중 『점과 선』이라는 추리소설이 있다. 후쿠오카현의 카시이에서 발견된 변사체를 둘러싼 이야기로 담당 형사의 집요한 수사가 마침내 교활하고 머리가 좋은 진범의 알리바이를 무너뜨리는 것을 다루고 있다. 이 책에서는 열차의 다이어그램이 중대한 역할을 수행했다.

저녁때의 러시로 빈번하게 전차의 출입이 계속되고 있는 도쿄역 요코스카선의 플랫폼. 그러나 그러한 경황이 없을 때도 아주 짧은 시간이었지만 하카타행 특급열차 '아사카제'호를, 선로를 사이에 둔 인접한 플랫폼에서 볼 수 있다. 이것이 사건을 푸는 열쇠였다. 표제의 『점과 선』은 물론 열차 다이어그램의 그물코 같은 선과 교차점을 의미하고 있다(또한 이때의 열차 다이어그램은 작품이 발표된 당시의 것이다).

점과 선으로 만들어져 있는 도형을 수학에서는 리니어 그래프(선형 그래프, linear graph)라고 한다. 여기서는 생략해서 그래프라고 부른다. 열차 다이어그램을 비롯하여 계통도, 전기회로, 생물계통수(樹), 식염(염화나트

름)의 결정구조도, 또는 이 책의 개요를 보여준 그림 등은 모두 그래프다(〈그림 11〉 참조).

통계에서 사용하는 그래프는 수량적 파악을 위한 것에 반해서 여기서 말하는 그래프는 사물의 질적인 파악이나 표현에 이용된다. 현대 사회로 눈을 돌리면 온갖 현상을 수량적으로 파악하려는 경향이 특히 강하다. 사람의 두뇌 기능을 지능지수라는 것으로 나타내려고 하거나 국가 경제 발전의 정도를 GNP로 대표하거나 심할 때는 모든 것의 가치가 금전으로 환산되기 시작하거나 한다. 그리고 이러한 수량화를 진보라고 생각하고 있는 사람도 많은 것 같다. 그러나 반드시 그대로는 아닐 것이다.

유쾌하게도 수량화의 진원지인 수학의 세계에서는 최근 이것과 반대의 현상이 일어나고 있다. 대수학에서의 군론(群論), 기하학에서의 토폴로지가 그 좋은 예이고 사물을 질적으로 파악해서 이해하려고 하는 경향을 도처에서 지적할 수 있다. 그리고 토폴로지에서는 그래프가 실로 단적인 효과를 증명하고 있다.

• 레스토랑에서

어느 일요일의 일이다. 네 집의 가족이 모두 모여서 소풍을 갔다가 돌아오는 길에 어느 레스토랑에 들렀다. 그 레스토랑에는 5개의 테이블이 비어 있었다. 좌석의 수는 딱 맞지만 하나의 테이블에는 같은 가족이 앉지 않는다는 조건에 모두 찬성했다. 가족의 구성은 각각 4명, 4명, 3명, 3

명이고 5개의 테이블의 좌석 수는 각각 4, 4, 2, 2, 2라는 식으로 되어 있었다.

그래서 엄마 4명이 좌석의 할당에 대한 논의를 시작했으나 여느 때와 마찬가지로 혼란이 생겨서 의견이 통합되지 않았다. 그런데 그것을 바라보고 히죽거리고 있던 한 사내아이가, 실은 만화를 아주 좋아하고 산수를 아주 싫어하는 아이였지만 눈 깜짝할 사이에 그 문제를 해결해 버렸다. "쟤는 맨날 만화나 읽고 있었으면서……"라고 내심 놀란 어머니가 있었는지 모르지만 어린이는 원래 토폴로지스트다.

그랬더니 또 동의(動議)가 나와서 연령이나 남녀별로도 가급적 버라이어티가 있는 조 편성을 하자는 의견이 나왔다. 그것도 이 사내아이가 당장 만족스런 답을 내놓았다. 물론 이곳은 품위 있는 레스토랑이므로 실제로 앉아본 다음에 이리 옮기거나 저리 옮기거나 한 것은 아니다. 그러면 이 사내아이는 어떻게 해서 좌석을 결정한 것일까?

사내아이는 만화책의 공백에 간단한 리니어 그래프(그림 6)를 그린 것뿐이다. 우측의 네 개의 점이 가족을 나타내고 좌측의 다섯 개의 점이 테이블을 나타낸다. 또한 선이 그 할당을 나타내고 있다. 우측 점에 모이는 선의 수가 가족의 인원수를, 좌측 점에 모이는 선의 수가 테이블의 좌석 수를 나타내고 있는 것이 중요하다.

이 그래프에서는 선이 똑바른지, 그렇지 않으면 굽어 있는지, 또는 선의 길이가 어느 정도인지 등은 거의 문제가 되지 않는다. 어떤 점과 어떤 점이 선으로 연결되어 있는지가 본질적인 문제다. 따라서 두 개의 그래프가 있을 때 양쪽의 점과 점, 선과 선을 각각 대응시킬 수 있으면 두 개의 그래프는 같다고 간주해도 된다.

〈그림 7〉은 도쿄의 야마노테선과 그 내측을 달리는 츄오선의 그림인데 토폴로지의 그래프로는 세 개 모두 같다. 승객으로서 어떤 노선을 선택하

그림 6

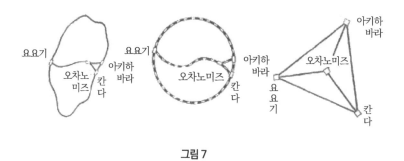

그림 7

고 어디서 갈아타는가 하는 것만이 문제가 될 때는 어떤 그래프도 같다.

이것은 토폴로지 사상의 토대가 되는 '동상(同相)'이라는 사고방식인데, 누구나가 일상적으로 사용하고 있는 사상일 것이다. 우리 생활 속에 그래프의 개념은 의외로 깊이 스며들고 있다고 할 수 있다.

• 유향 그래프와 갱의 지혜

리니어 그래프의 선에는 단지 연결하는 것뿐만이 아니라 방향성을 부여해두는 편이 편리한 경우가 적지 않다. 전기회로 등도 전형적인 리니어 그래프이고 그래프의 이론이 매우 유효하지만 전류의 방향을 보여주는 방향성을 표시해두는 것이 보통이다. 선에 방향성이 표시되어 있는 그래프를 유향(有向) 그래프라고 한다.

미국의 어느 거리에서 은행에 갱이 침입하여 3억 달러를 가지고 달아났다……라고 해보자(미국이라고 가정한 것에는 다른 뜻은 없다). 그 거리에는 파출소가 하나 있고 순찰 중인 1대의 순찰차 이외에 거리를 순찰 중인 경찰관이 5명 있다. 또 경찰본부는 다른 거리에 있다. 그 연락망을 그림으로 나타내면 〈그림 8〉과 같은 유향 그래프가 된다.

경찰관은 사건이 발생하면 가까이 있는 공중전화로 달려가 거기서 본부와 연락하기로 되어 있었다. 경찰관은 순찰차의 무선을 수신할 수는 있으나 발신은 할 수 없었기 때문이다.

이 연락망은 일단 완전하다고 생각하고 있었다. 예컨대 본부에서 순찰 중인 경찰관에게 지령을 내릴 때는 먼저 순찰차에 무선으로 지령을 전하

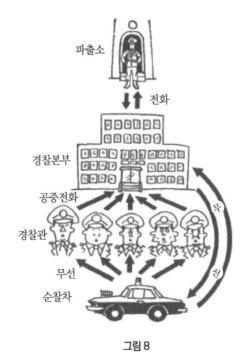

그림 8

고 거기서부터 다시 무선으로 경찰관에게 연락한다. 중계를 하기만 하면 임의의 지점에서 임의의 지점으로 연락이 가능했다.

　그런데 꾀를 내서 큰 속임수를 쓴다는 점에서 갱은 한 수 위였다. 오래전부터 용의주도하게 이 거리의 경비체제를 조사해 두고 이 연락망, 즉 그래프의 약점을 간파하고 있었다. 갱들을 두 패로 갈라서 한 패가 순찰차를 인기척이 없는 고속도로에서 습격함과 동시에 다른 한 패는 은행에 침입했다.

　그런데 순찰차가 빠지면 이 연락망은 〈그림 9〉처럼 되어 버린다. 아직 절반 남아 있는 것이 아니냐고 생각하는 사람이 있을지도 모르지만 선의

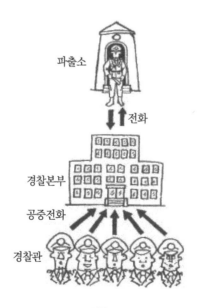

그림 9

수는 절반이라도 기능은 10퍼센트 이하다.

예컨대 경찰본부나 파출소가 경찰관에게 연락을 취하는 방법이 상실되고 있다.

연락망의 유향 그래프가 기능을 수행하기 위해서는 임의의 두 점을 지나는 유향 사이클(cycle)이 없으면 안 된다. 순찰차가 있을 때는 경찰관과 본부를 지나는 〈그림 10〉과 같은 유향 사이클이 있었다. 그러나 순찰차가 없어진 연락망에서는 파출소와 본부 사이의 전화 연락만이 유향 사이클이다.

실제 여러 가지 연락망을 만드는 경우에는 1개나 2개 지점의 사고로

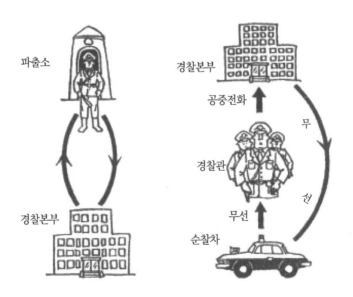

그림 10

기능이 마비되어서는 곤란하다. 그러므로 유향 그래프를 그려서 신중히 검토하지 않으면 안 된다. 개미구멍으로도 제방이 무너진다……. 한편 연락망을 파괴하려고 하는 경우도 마찬가지로 유향 그래프를 사용하면 간단하다. 이 절을 마치면서 여러 가지 그래프의 한 예를 〈그림 11〉에 나타냈다. 또한 사이클의 이야기는 호몰로지군의 절에서 상세히 언급한다.

• 문자의 토폴로지

'그래프 이론'에서의 그래프가 어떠한 것인가를 살펴본 셈인데 다음에 문자의 위상을 채택하자. 그래프의 이론과 관련이 있고 게다가 우리가 일상적으로 접촉하는 것 중에서 토폴로지의 이해에 도움이 될 것 같기 때문이다. 말할 것도 없이 거리의 점쟁이가 말하는 방위(方位)라든가 상(相)과는 관계가 없다.

가타카나(일본의 표음문자의 하나)와 알파벳 대문자를 위상에 따라서 분류한 것이 〈표 1〉이다. 즉 동상인 문자를 하나의 부류에 넣었고 따라서 그 부류 속의 문자는 표준형과 동상이다.

〈표 1〉에 나타나는 것은 그래프 이론에서는 나무(tree)라 부르는 도형이다. 가타카나도 알파벳도 분포상태가 닮았고 ─형, Τ형에 많이 집중되어 분포되고 있으나 I형, +형도 적지 않다.

여러분 중에는 전혀 다른 문자가 같은 부류에 들어가 있다고 생각하는 사람이 있을지도 모른다. 그러나 일반 토폴로지에서는 연속적이면 변형

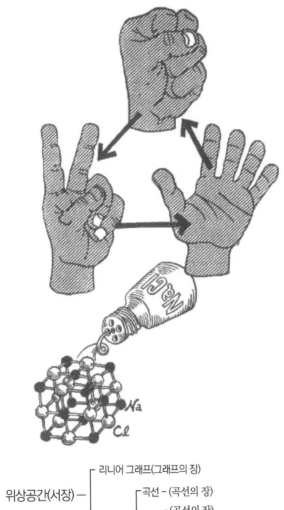

위상공간(서장) ─┬─ 리니어 그래프(그래프의 장)
　　　　　　　　│
　　　　　　　　└─ 다양체 ─┬─ 곡선 ─ (곡선의 장)
　　　　　　　　　　　　　　│
　　　　　　　　　　　　　　├─ 곡면 ─┬─ (곡선의 장)
　　　　　　　　　　　　　　│　　　　　└─ (역사의 장)
　　　　　　　　　　　　　　│
　　　　　　　　　　　　　　└─ 고차원 다양체 ─ (고차원의 장)

그림 11 | 여러 가지 그래프

표준형	가타카나	알파벳	0차원 베티수	1차원 베티수
一	ノフヘ レワクコ	CLMN SZI	1	0
T	アイウスト ヒマムコ	EFJTY	1	0
エ	エケ	GHK	1	0
＋	ヌメヤセナ	X	1	0
✕	オ		1	0
干	チモ		1	0
‡	キサ		1	0

표 1

은 자유자재여서 굽어 있다든가 꺾어져 있는 것은 문제가 안 된다. 또한 길다든가 짧다는 것도 아무 상관없다. 문제가 되는 것은 교차하고 있다든가 절단되어 있다는 것 같은 성질이고 그들의 특징은 토폴로지의 본질에 이르게 한다.

예를 들어 I에서 C를 지나서 S로 변형되어 가는 상황과 T가 ㅏ를 경과해서 E에 이르는 과정을 나타냈다(그림 12). 이 경우 변형이라는 것은 유클리드적 감각에서 나온 말이어서 토폴로지의 입장에서 말하면 I와 C와 S와는 동형(동상)이다. 또 T와 ㅏ와 E도 동상이다. 따라서 토폴로지에 의한 도형의 분류는 부류의 수는 가장 적어지고 하나의 부류에 속하는 도형의 수는 가장 많아진다.

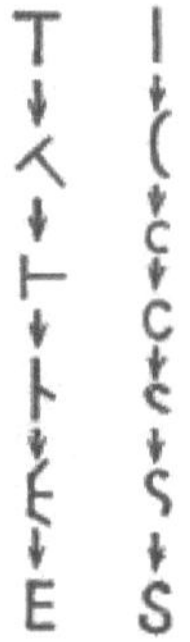

그림 12

타입	가타카나	알파벳	0차원 베티수	1차원 베티수
二	ソ ニ ハ ラ リ ル ソ		2	0
〒	テ		2	0
三	シ ツ ミ		3	0
三十	ホ		3	0
三	ネ		3	0
○	ロ	O	1	1
♀		P	1	1
♀	タ	A R U V	1	1
⊖		B	1	2
⊖		Q	1	2
⊕		W	1	2

표 2

38

〈표 2〉는 베티 수가 높은 가타카나와 알파벳의 표다. 베티 수란 이러한 분류의 착안에 공로가 있었던 이탈리아인의 이름에서 따왔다. 이 표를 보면 0차원 베티 수가 큰 것은 가타카나에 많고 1차원 베티 수가 큰 것은 알파벳에 많다. 이 부분에 가타카나와 알파벳의 특징이 있다.

베티 수라고 하면 조금 낯선 단어인데 0차원 베티 수란 몇 개의 연결 부분(연결성분)으로 나눌 수 있는가 하는 것이다. テ는 두 개의 부분으로, ネ는 세 개의 부분으로 나눌 수 있으므로 0차원 베티 수는 각각 2와 3이다(그림 13). 또한 알파벳 대문자는 모두 연결되고 있으므로 0차원 베티 수는 1이다.

1차원 베티 수란 닫힌곡선(사이클)을 본질적으로 몇 개 포함하고 있느냐는 것이다. 〈그림 14〉와 같이 R은 1개, W는 2개의 폐곡선을 포함하고 있다. 따라서 이들의 1차원 베티 수는 각각 1과 2이다.

그림 13   그림 14

최근 토폴로지적인 사고방식을 이용해서 컴퓨터로 문자를 판독하는 연구도 행해지고 있는 것 같지만 토폴로지만으로는 무리일 것이다. 컴퓨터가 그래프에 대한 토폴로지적 감각을 익히는 것은 그렇게 어렵다고는 생각하지 않는다. 그러나 문자의 판독에는 선이 어느 방향을 향하고 있다든가 어느 정도의 곡률(曲率)로 구부러지고 있다든가, 몇 도의 각도로 꺾여 있다든가 하는 유클리드적 감각 없이는 불가능하다고 생각한다.

토폴로지만을 이해하는 컴퓨터에서는 그러한 작은 일에도 세심한 주의를 하는 것은 불가능하다. 문제는 토폴로지에 의한 대략적인 분류에 얼마만큼 유클리드적 도형의 개념을 가미하면 문자를 판독할 수 있는가, 또 그것을 이해하는 컴퓨터를 만들 수 있는가 하는 것이다.

문자나 도형을 컴퓨터로 인식하는 문제는 학문적으로도 응용 면에서도 흥미 있는 과제다. 금후의 발전이 기대된다.

● 바둑돌의 연결성

예로부터 '바둑에 미치면 부모의 임종도 못 본다'라는 말이 있다……. 바둑이라는 게임은 바둑판 자체가 361개의 점과 682개의 선으로 되어 있는 그래프라고 할 수 있는데, 그래프의 여러 개념 설명에 아주 적합한 재료다. 바둑에서는 돌의 생사, 영토를 에워싸는 방법, 돌의 연결성 등이 기본적으로 중요한데 이것들은 어느 것이나 그래프의 연결성과 관련되어 있다.

〈그림 15〉에 든 예는 대사백변[大斜百變(옮긴이: 대사는 바둑의 정석의

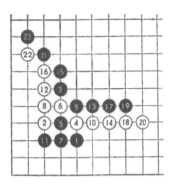

그림 15 | 대사백변의 한 변화

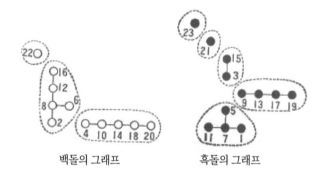

백돌의 그래프   흑돌의 그래프

그림 16

하나로서 상대방의 소목에 날일자로 걸치는 정석을 말하며, 대사백변이란 대사의 변화가 많고 난해하다는 것이다)]이라고 부르는 변화가 복잡한 정석(定石)의 한 변화다. 이것은 필자의 기력(棋力)을 넘어선 고도의 정석이지만 하나의 예로써 사용하겠다. 돌을 점이라고 생각하고 서로 이웃한 흑돌끼

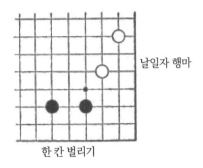

날일자 행마

한 칸 벌리기

그림 17

그림 18 | 쌍립을 가른다

리, 백돌끼리를 연결하여 선이라 생각한다. 흑돌 21, 23, 백돌 22와 같은 점을 고립점(孤立點)이라고 부른다. 〈그림 16〉에 나타낸 것처럼 파선(점선)으로 둘러싸인 부분은 연결되고 있으나 백돌의 4와 6이나 흑돌의 5와 9 사이는 끊겨 있다. 그것을 연결되어 있다고 착각하고 끊긴 다음에 당황하는 경우가 있다. 초심자는 단순히 돌만 바라보고 있지 말고 선을 더해서 그래프로서 바둑판을 보고 있으면 그러한 착각은 피할 수 있을 것이다.

바둑돌의 참된 연결성은 더 고차원으로 논하지 않으면 안 된다. 〈그림 17〉과 같은 날일자 행마의 백돌, 한 칸 벌리기의 흑돌도 보통은 연결되어 있다고 생각한다. 그것은 주위의 상황을 감안하고 나서 연결의 가능성이 강하다는 것이고 백과 흑이 교대로 바둑을 두는 것이니까 간단히 끊기지 않는다는 것이다.

예컨대 〈그림 18〉과 같은 쌍립이라 불리는 돌은 보통은 절대로 끊기지 않는다고 한다. 그런데 쌍립이 끊겼다는 유명한 이야기가 있다.

다음은 흑의 차례다. 몹시 우쭐해진 백은 막 따낸 흑돌 하나를 손에 꽉 쥐고 있다. 흑은 지체 없이 백의 쌍립을 갈라치고 딱 소리를 내며 뛰어들었다. 백은 표정만은 침착하고 유연하게 쌍립을 연결했다. 그러나 다음 순간 망연자실한 백은 돌을 던져버렸다. 그 이유는 백의 대마(많은 돌)가 절단되어 죽었기 때문이다. 중요한 부분에서 두 수를 맞으면 아무리 바둑의 명인이라도 그리 쉽게 이길 수는 없다. 돌이 연결되어 있다는 참된 의미는 연결된 그래프가 존재할 수 있느냐 없느냐 하는 가능성의 문제다.

돌이 살기 위해서는 집 두 개의 가능성이 필요하다. 그런데 초심자에게는 집과 옥집(가짜 집)이 구별되지 않는다. 집과 옥집을 착각하는 이유는 집을 만드는 것과 에워싸는 것을 혼동하기 때문인데 집이 되려면 그것을 에워싼 근방의 그래프가 연결되지 않으면 안 된다. 연결되지 않은 경우는 옥집이다.

영토를 에워싼다든가 돌을 에워싼다는 개념도 그래프의 연결성으로부터 파악할 수 있다. 〈그림 20〉의 흑돌은 영토를 에워싸고 있다. 돌이 영토의 경계로 되어 있는 것을 의미한다. 바둑판의 그래프에서 흑돌이 놓여 있는 점과 거기에 나와 있는 선을 지운 그래프는 2개의 연결성분 A와 B로

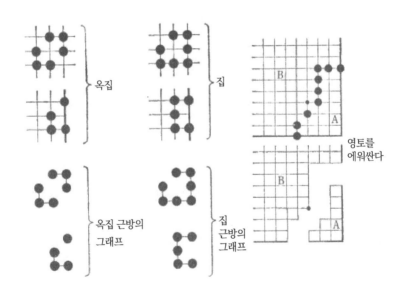

그림 19　　　　　　　　　　그림 20

나뉜다. 돌이 영토를 에워싸기 위해서는 나머지의 그래프가 비연결이어야 한다. 에워싸인 영토는 그 연결성분의 하나다.

바둑은 연결의 게임이라는 이야기를 들으면 무턱대고 선이 많은 그래프를 반상(盤上)에 그리는 것이 좋다고 생각하는 사람이 있다. 이것은 잘못된 생각이다. 연결된 그래프를 그릴 수 있는 가능성을 간직하고 포석해야한다. 선의 수는 적은 편이 좋다. 아마 전문가의 바둑 그래프와 초심자의 바둑 그래프를 100수(手) 정도 진행된 반면(盤面)에서 비교해 보면 후자의 선의 수가 단연코 많을 것이다. 선의 수가 많다는 것은 인접하고 있는 돌의 수가 많다는 것을 의미하고 이른바 상수(上手)가 싫어하는 포도송이 돌이 많아진다.

● 그래프의 활용

그래프의 응용 범위는 넓다고 할 수 있으나 구체적으로 들어가면 각각의 전문적 기술이나 지식과 결부되어 있어 여기서 상세한 이야기를 하는 것은 불가능하다. 일반 사람들이 그래프를 활용하는 세계는 자기의 지식을 정리하고 사고의 조리를 세울 때일 것이다.

그래프는 점과 선으로 되어 있는 도형이지만 그것을 응용하려면 그래프의 각각의 점, 각각의 선이 무언가의 의미를 갖고 그들 사이의 관계를 그래프가 정확히 표현하고, 전체로서 사회현상이나 기술적 문제의 골격을 직관적으로 전망하는 모델로 되어 있지 않으면 안 된다. 다음으로 그래프의 이론을 응용하는 경우의 문제점을 들어보자.

이 장의 첫머리(레스토랑에서)에서 본 것처럼 먼저 그래프 작성의 문제가 있다. 이것은 언뜻 보기에 그래프와 전혀 관계가 없는 것 같은 실제적인 문제에 이용되는 경우가 적지 않다. 통신망의 예에서 볼 수 있는 것처럼 작성의 문제를 뒤집어 말하면 그래프의 파괴 문제가 된다. 따라서 그래프는 전략적인 문제와 결부되기 쉽다.

다음으로 그래프의 선택 문제가 있는데 이것은 가동성과도 관련된다. 이미 연구되어 일단 완성된 그래프 중에서 그 실제 문제에 가장 적합한 것을 선택하려면 어떻게 해야 되는가의 문제다. 바둑에서 여러 가지 정석(定石) 중에서 그 국면(局面)에 적합한 정석을 선택하는 경우와 비슷하다. 일어날 수 있는 실제 문제의 가능성을 먼저 예상하고 그것에 맞을 것 같은 그래프를 몇 개 선택하여 그것들을 비교검토해서 그 안에서 하나를 선택한다는 수순을 밟는다.

또한 몇 개의 그래프를 합성해서 큰 그래프를 만들어 내는 조작도 중요하다. 반대로 말하면 큰 그래프를 분해하여 부분 그래프마다 검토하는 경우도 있다. 예컨대, 회사의 조직을 하나의 그래프로 생각하면 그 부나과도 하나의 그래프로 간주되고 그것들을 합성한 그래프가 전체의 조직이 된다. 때로는 합성되는 단위가 되는 작은 그래프를 점으로 보고 합성의 메커니즘을 또 그래프로 표현하는 일도 있다. 그 경우에는 그 그래프의 각 점에 작은 그래프를 끼워 넣으면 큰 그래프를 얻는다.

이것도 선택의 문제지만 그래프가 이미 주어져 있고 그래프 대부분의

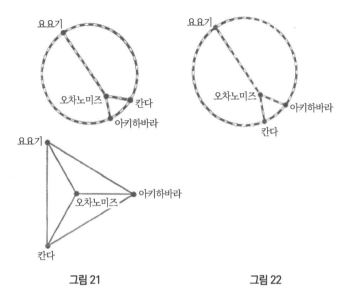

그림 21   **그림 22**

점이나 선의 의미가 확정되어 있을 때 나머지 소수의 점이나 선을 미지수로 해서 그 풀이를 구하는 경우가 있다. 예컨대 공장 등에서 제작공정을 그래프로 생각해보자. 능률을 올리기 위해 일부의 개량을 도모하는 경우에는 그래프에서 점이나 선으로 되어 있던 기계의 선택이 문제가 된다. 이러한 문제는 방정식의 미지수를 구하는 계산과 비슷하다.

• 그래프의 위(位)와 상(相)

앞에서도 말했지만 그래프에서는 선이 굽어 있는가, 길이가 어떠한가 하는 논의는 그다지 의미가 없다. 선이 어느 점과 어느 점을 연결하고 있

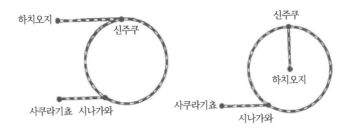

그림 23

는지가 문제다. 〈그림 21〉의 야마노테선과 츄오선의 그래프가 동상인 것은 이미 언급했다. 그러나 〈그림 22〉 앞의 두 가지 예와 다르다고 느끼는 사람이 많을 것 같다. 그러나 상(相)에 관해서는 같은 것이다. 앞의 그림을 뒤집어 본 것에 불과하다. 칸다와 아키하바라를 교환한 것뿐이다.

이 그래프만을 생각하고 있는 사람에게 3개의 그래프는 같다. 그러나 그 밖의 국철(國鐵)이나 도쿄의 거리와 연결하려고 하면 〈그림 22〉의 예는 불편하다. 토폴로지의 말로 표현하면 상은 같지만 위(位)가 다르다.

〈그림 23〉에서 야마노테선과 케이힌토호쿠(京浜東北)선과 츄오선의 2개의 그래프는 역시 동상이다. 그러나 이 2개는 분명히 다르다고 생각하는 사람이 많을 것이다. 그 사고방식도 옳은 것이다.

이 2개의 그래프는 역시 상은 같으나(각 역 간의 연결관계는 틀림이 없으므로) 위가 다르다. 더 정확히 말하면 평면 내의 도형으로서 동위(同位)는 아니다. 즉 하치오지의 위치가 한쪽은 원의 외부에 있고 다른 쪽은 내부에 있기 때문에 평면 내에서 어떻게 움직여도(늘리거나 줄이거나 굽히거나 해도

48

클로버형 노트

원둘레

그림 24

된다. 다만 츄오선을 야마노테선 위로 통과시키거나 해서는 안 된다) 다른 쪽의 그 래프에 포개는 것은 불가능하다.

그런데 그래프를 평면에서 튀어나오게 하여 공간 내에서 움직여 보면 한쪽을 다른 쪽에 포갤 수 있다. 신주쿠에서 하치오지에 이르는 츄오선을 지면에 수직으로 세워서 다른 쪽에 포개면 2개의 도형이 공간에서는 동위라는 것을 알 수 있다.

위란 도형을 더 큰 도형(평면이나 공간)에 끼워 넣었을 때 필요해지는 개념이다. 그리고 **토폴로지**란 **위**와 **상**을 탐구하는 학문이라고도 할 수 있다. **위상기하**라 불리는 이유다.

〈그림 24〉의 2개의 그래프를 보면 끊어진 곳도 교차함도 없이 연결된 하나의 닫힌 고리이므로 그것들은 함께 동상이다. 그러나 공간 내에서 어떻게 움직여도 위와 아래와는 겹치지 않으므로 위(位)가 다르다. 위의 것은 노트(매듭)라고 부르고 토폴로지 연구의 어려운 원인의 하나가 됨과 동시에 토폴로지의 재미를 배가시키고 있다.

• 평면상의 그래프

평면상에서 동상인 2개의 그래프가 평면 내에서 동위가 되기 위한 조건을 조금 더 생각해 보자. 〈그림 25〉와 같은 도쿄 근방의 국철의 그림에는 분명히 오류가 있다. 즉 진짜 그림과 동위가 아니다. 그 이유로 먼저 신주쿠에서 하치오지에 이르는 츄오선이 야마노테선의 내부에 들어가 있는 점을 들 수 있을 것이다. 그러나 그 이유는 명쾌하지만 지나치게 과장됐다. 더 국소적인 것이 본질적인 것이다.

예컨대 〈그림 26〉의 국철 그림도 잘못되었다. 그러나 야마노테선의 이케부쿠로와 우에노 사이가 그려져 있지 않기 때문에 이 그래프에서는 야마노테선의 내부라든가 외부라든가 하는 개념은 성립하지 않는다. 그럼에도 불구하고 정확한 그림과는 아무리해도 겹치지 않는다. 즉 동위가 아니라는 것을 지적할 수 있다.

이 그림의 잘못은 신주쿠역의 근방에 있다. 이 그림과 정확한 그림과

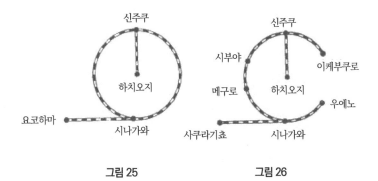

그림 25   그림 26

는 분명히 신주쿠역 근방이 틀린 것이다. 하치오지에 이르는 선, 시부야에 이르는 선, 이케부쿠로에 이르는 선에 각각 1, 2, 3의 번호를 붙여서 비교해 보면(그림 27) 1, 2, 3의 순서가 한쪽에서는 양의 방향(반시계방향), 다른 쪽에서는 음의 방향(시계방향)이다.

이 양의 방향, 음의 방향은 그래프를 평면 속에서 어떻게 움직여도 변화하지 않음을 알 수 있으므로 2개의 그림은 평면 내에서 동위가 아니다. 따라서 일반적으로 다음의 정리가 성립한다.

"평면 내의 동상인 2개의 그래프가 동위가 되기 위한 필요충분조건은 각 점에서 나와 있는 선을 임의로 3개 선정했을 때 그 순서에 따라 정해지는 방향이 2개의 그래프에서 모두 일치하는 것이다."

이 정리에도 토폴로지의 기본적인 성격이 나타나 있다. 여러분의 주의를 환기시키기 위해 그 언저리를 다시 한번 밝혀둔다.

1점에서 나오는 3개의 선의 방향이라는 개념은 국소적인(local) 성질이다. 왜냐하면 아무리 작은 근방을 잡아도 방향은 분명히 판정할 수 있기 때문이다. 그런데 2개의 그래프가 동위인지 아닌지는 대국적인 개념이다. 즉 이 정리는 그래프의 대국적인 성격을 국소적인 성질을 갖고 규정할 수 있음을 밝히고 있다.

토폴로지의 특징은 국소적인 문제와 대국적인 문제의 결합을 항상 고려하고 있는 부분에 있다. 양자의 차이를 분명히 부상(浮上)시킴으로써 양자의 관련을 구하는 것이다. 국소에서 대국으로, 대국에서 국소로 자유자재로 비약할 수 있는 가능성을 토폴로지는 추구하고 있다.

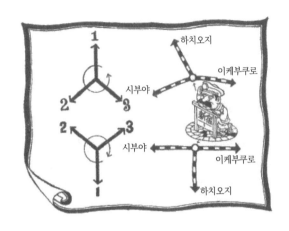

그림 27

야마노테선이 평면을 내부와 외부로 가른다는 성격(조르당의 정리)은 평면 전체와 야마노테선 전체가 관계하는 대국적인 문제다. 그러나 그래프의 동위성을 규정하는 데는 그러한 대국적인 성질보다도 한 점의 근방에서의 방향이라고 하는 국소적인 성질이 결정적 수가 되는 경우가 많다. 금후에도 국소와 대국의 문제가 여러 가지 형태로 나타나는데, 그때마다 설명할 수는 없다. 여러분은 각자의 판단으로 그 관계를 독해하기 바란다.

● 그래프의 실현

하나의 그래프가 주어졌을 때 그것과 동상인 그래프가 평면상에, 또는 공간 속에 실재(實在)하는 것일까라는 문제가 생겨난다. 선은 끝점 이외에서 다른 선과 교차해서는 안 된다는 조건을 붙이고 나서의 일인데 이것을 실현(實現)의 문제라고 한다.

예컨대 차도와 도로가 건널목에서 교차하고 있는 경우에는 2개의 선은 교차하고 있는 것이 되지만 3차원적으로 입체교차로 하면 교차하지 않는다. 따라서 다음의 정리가 성립한다.

"임의의 그래프는 공간(3차원 유클리드공간) 속에서 실현될 수 있다."

문제는 평면상에 실현될 수 있는가라는 것이 된다. 평면에서는 실현될 수 없는 그래프가 적지 않은데 그 설명에는 이미 언급한 다음의 정리가 필요하다. 이것은 정리로서는 대국적인 정리다.

"평면 내의 폐곡선은 평면을 내부와 외부의 두 개의 영역으로 가른다."

이것은 조르당의 **폐곡선정리**라고 부르고 있다. 즉 야마노테선과 같이 닫힌곡선이 평면상에 있으면 내부와 외부를 지적할 수 있고 그 내부에 있는 점과 외부의 점(예컨대 오차노미즈와 요코하마)을 연결하는 선은 입체교차하지 않는 한(양자가 평면상에 있는 한) 반드시 교차한다는 것이다(그림 28).

지금 야마노테선과 요요기, 칸다를 연결하는 츄오선이 이미 완성되어 있는 것이라고 하자. 이때 거듭 이케부쿠로와 시부야를 연결하는 새로운 노선을 부설하려고 생각했다. 새로운 노선은 (츄오선과) 교차하지 않는 것

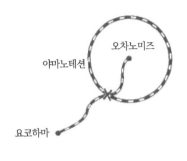

그림 28

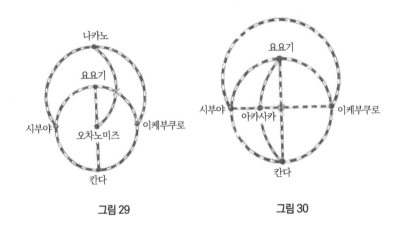

그림 29   **그림 30**

을 조건으로 하면 야마노테선의 외부에 만드는 것 외에는 방법이 없다.

그 새로운 노선은 나카노(中野)를 지나는 것으로 생각하자. 다시 나카
노와 오차노미즈 사이에 새로운 노선을 개통하려면(교차하지 않는 조건으로)
그것은 불가능하다(그림 29). 왜냐하면 나카노는 외부에 있고 오차노미즈
는 내부에 있기 때문이다.

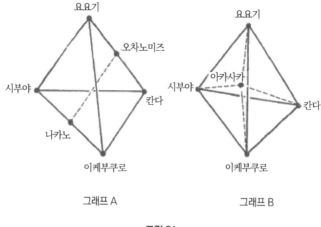

그래프 A   그래프 B

그림 31

재차 야마노테선 이외에 요요기, 칸다를 연결하는 츄오선과 이케부쿠로, 시부야를 연결하는 새로운 노선으로 만들어진 그래프에 적당한 한 점(예컨대 아카사카)에서 칸다, 시부야, 요요기, 이케부쿠로에 이르는 새로운 네 개의 노선을 부설하려고 한다면(그림 30) 이것도 불가능하다는 것을 알수 있다(교차하지 않는다는 조건으로). 아카사카가 야마노테선의 내부에 있어도 외부에 있어도 소용없다(그림 31).

결국 이 경우 〈그림 29〉의 그래프를 입체적으로 실현하면 A와 같은 4면체의 네 변과 네 꼭짓점으로 만들어진 그래프에서 서로 대응하는 두 변의 중점(中點)을 연결하는 선을 더해서 만들어지는 그래프다. 또 〈그림 30〉과 같은 그래프는 B처럼 4면체의 네 꼭짓점과 네 변으로 만들어진 그 래프에 그 밖의 한 점과 네 꼭짓점으로 연결하여 만들어지는 그래프다.

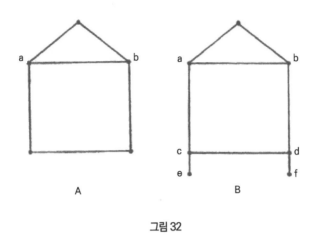

A B

그림 32

그래프 A와 그래프 B는 단순히 평면상에 실현할 수 없는 그래프의 예가 되는 것만은 아니다. 다음의 실현정리를 보면 그 중요성을 알 수 있을 것이다.

"그래프가 평면상에 실현되기 위한 필요충분조건은 〈그림 31〉의 그래프 A 또는 B를 포함하지 않는 것이다."

실현정리는 배선, 배관 등의 실제 문제에 응용된다.

• 일필휘지

〈그림 32〉의 두 개의 그림은 어린이가 흔히 제안하는 일필휘지(一筆揮之)의 문제다. A는 일필로 그릴 수 있으나 B는 그릴 수 없다. 그 차이는 어디에 있는 것일까. 이 문제도 국소적인 성질이 키포인트다. 그래프에서 한 점에 짝수개의 선이 모여 있을 때 그 점을 **짝점**이라고 부르고 홀수개의 선이 모여 있을 때 **홀점**이라고 부른다.

어떤 점이 짝점인지 홀점인지를 결정하려면 그 점의 근방만 보면 된다. 예컨대 〈그림 32〉의 그래프 A에서는 홀점은 a, b의 두 점이고 그래프 B에서는 홀점은 a, b, c, d, e, f의 여섯 점이다.

붓을 지면에서 떼지 않고 같은 선을 두 번 덧그리지 않고(점은 몇 번 지나도 된다) 그래프를 그리는 것을 일필휘지라 한다. 일필로 그리기 위해서는 물론 그래프는 연결되어 있지 않으면 안 된다.

A의 그래프에서는 홀점인 a나 b에서 그리기 시작하면 일필로 그릴 수 있다. 그러나 다른 점에서 그리기 시작해서는 어떻게 그려도 다 그리지 못한다. 또 B의 그래프에서는 어디서부터 시작해도 불가능하다. 이에 관한 다음의 유명한 정리의 증명을 언급해보자.

"연결 그래프를 일필로 그리기 위한 필요충분조건은 홀점의 수가 0이나 2가 되는 것이다."

일필휘지가 가능한 그래프에서는 그리기 시작한 점과 그리기가 끝난

점이 일치할 때 그 점은 짝점이 되고 다를 때는 두 점(시발점도 종점도)이 함께 홀점이 된다. 그리고 그 이외의 점은 모두 짝점이 되므로 위의 조건이 필요조건인 것은 분명하다.

선의 수가 한 개일 때 이 정리는 자명하다. 그래서 증명에는 선의 수에 따른 수학적 귀납법을 사용한다. 충분조건의 증명을 편하게 하기 위해 정리를 확장해 두자.

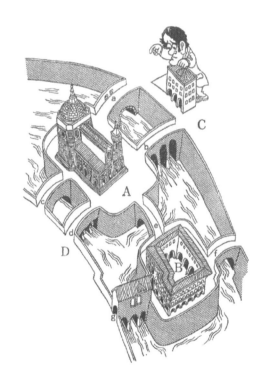

그림 33 | 쾨니히스베르크의 거리

"홀점의 수가 0인 연결 그래프는 임의의 점에서 그리기 시작하는 일필휘지가 가능하다."

또한 그래프에서는 각 점마다에 모이는 선의 수의 총합은 선의 수의 2배가 되고 짝수다. 홀점의 수는 짝수라는 것에도 유의하기 바란다. 먼저 선의 수가 $n-1$ 이하일 때는 증명된 것으로 가정한다.

(가) 홀점의 수가 0인 경우…… 그래프에서 선을 한 개 없애도 나머지의 그래프는 연결이다. 만일 연결이 아니면 그래프는 두 개로 분리되고 각각의 그래프가 하나의 홀점밖에 가지지 않는 것이 된다. 왜냐하면 모두가 짝점인 그래프에서 선을 한 개 없앤 것으로 두 개의 홀점이 생기고 있기 때문이다. 그러나 이것은 하나의 그래프의 홀점의 수는 짝수라는 것에 모순된다. 그러므로 선을 한 개 없앤 다음의 그래프는 연결이고 홀점은 두 개, 선의 수는 1이고 최초의 가정으로부터 일필휘지가 가능하다.

또한 그 일필휘지는 당연히 홀점에서 그리기 시작해서 홀점에서 끝나는 것이 된다. 그다음에 제거한 한 개의 선을 부가해서 그리면 선의 수가 n인 경우의 일필휘지가 완성된다.

(나) 홀점의 수가 두 개인 경우…… 홀점을 지나는 선을 한 개 제거해본다. 나머지의 그래프가 연결이면 (가)의 경우와 증명은 마찬가지이기 때문에 두 개의 그래프(연결그래프)로 분리된 것으로 가정해도 된다. 두 개의 그래프의 한쪽은 홀점을 갖지 않고(한 개의 선을 제거함으로써 짝점이 되었기 때문에) 다른 쪽은 두 개의 홀점을 포함하는 것이 되는데 그 홀점의 하나는

이전에는 짝점이었을 것이다. 이때 각각의 그래프(물론 선의 수는 $n-1$ 이하다)는 제거한 선의 끝점에서 그리기 시작하는 일필휘지가 가능하다(귀납법의 가정으로부터). 그러므로 전체의 그래프의 일필휘지도 가능해진다.

일필휘지와 관련되는 문제로 역사적으로 유명한 것은 쾨니히스베르크 거리의 일곱 개 교량을 1회씩 빠짐없이 건너는 길의 순서를 선정한다는 문제다. 〈그림 33〉처럼 두 개의 섬을 A, B, 강의 양쪽 물가를 C, D, 교량을 각각 a, b, c, d, e, f, g라 명명하면 이 문제는 〈그림 34〉와 같은 그래프를 일필휘지로 그릴 수 있는가라는 것과 동등하다. 네 점 A, B, C, D가 어느 것도 홀점이므로 답은 아니다이다. 이 문제가 흥미를 돋우는 점은 그래프와는 언뜻 보기에 관계가 없는 것으로 보이는 사항이 그래프의 문제로 귀결되는 점에 있다. 즉 섬이나 강변을 점으로 간주하고 교량을 선으로 간주하고 있는 점이다.

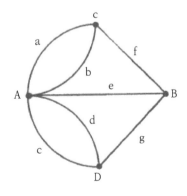

그림 34

• 나무와 숲

차례대로 배열한 $n+1$개의 점 $a_0, a_1, \cdots\cdots, a_{n-1}, a_n$과 그것들을 차례대로 연결한 n개의 선 $a_0a_1, a_1a_2, \cdots\cdots, a_{n-1}a_n$으로 만들어진 그래프를 단일로(單一路)라고 하고 $a_0 = a_n$일 때 이것을 단일폐로(단일 사이클)라고 부른다. 그리고 n을 그 길이라고 한다.

"그래프가 연결되기 위해 필요하고 동시에 충분한 조건은 임의의 두 점이 그 그래프에 포함되는 단일로로 연결되는 것이다."

연결 그래프의 두 점이 있을 때 그 두 점을 연결하는 단일로 중에서 가장 짧은 것의 길이를 그 두 점의 거리라고 부른다. 예컨대 〈그림 35〉의 a_1과 a_2의 길이는 1, a_2와 a_4의 길이는 2이다. 두 점 a, b의 거리를 $d(a, b)$로 나타내면 연결 그래프의 임의의 세 점 a, b, c 사이의 거리는, 삼각형 두 변의 길이의 합은 다른 한 변의 길이보다도 크다는 삼각부등식

$$d(a, b) + d(b, c) \geqq d(a, c)$$

를 만족하는 것은 분명하다. 연결 그래프의 여러 가지 두 점 사이의 거리의 최댓값을 그 그래프의 지름이라고 부른다. 통신망의 그래프에서는 지름이 작을수록 좋다고 한다.

한편 단일폐로(單一閉路)를 포함하지 않는 연결 그래프를 나무라고 부른다. 분리된 몇 개의 나무로 만들어진 그래프를 숲이라고 한다. 나무의

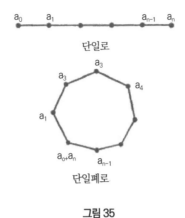

단일로

단일폐로

그림 35

예는 놀랄 정도로 많다. 식물이나 동물의 진화를 나타내는 계통수(樹) 등은 나무의 전형적인 예다. 다음의 정리는 명백할 것이다.

"그래프가 나무가 되기 위한 필요충분조건은 그래프의 임의의 두 점에 대해서 그것을 연결하는 단일노선이 단지 하나 존재하는 것이다."

상이한 단일로가 두 개 있으면 단일폐로를 만들 수 있기 때문이다. 하나의 점도 그래프라고 생각해도 되므로 다음의 정리도 증명을 필요로 하지 않는다고 생각한다.

"연결그래프가 나무가 되기 위한 필요충분조건은 임의의 선을 제거하면 그래프가 연결되지 않는 것이다."

그래프의 한 점에 모이는 선이 한 개뿐일 때 그 점을 그래프의 **끝점**(端

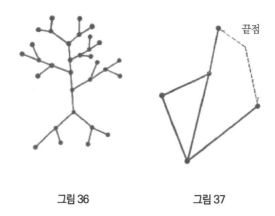

끝점

그림 36 **그림 37**

點)이라고 한다. 나무는 반드시 끝점을 갖고 있으므로 하나의 나무가 주어졌을 때 하나의 끝점과 그 점에 이르는 선을 제거해 보면 하나의 그래프를 얻는데, 그것은 분명히 다시 나무가 된다. 이 제거하는 조작을 반복하면 결국 한 점이 남는다. 이 조작을 더 멋있게 표현하면 나무는 컬랩시블 (collapsible, 부술 수 있는)하다는 것을 의미한다. 요컨대 이 조작으로 다음의 정리가 증명된 셈이다.

"나무에서 점의 수는 선의 수보다 하나 많다."

이 정리는 이제부터 자주 언급하지 않으면 안 되는 오일러 정리의 시초이고 점의 수에서 선의 수를 뺀 수를 **오일러의 표수**(標數)라고 부른다. 따라서 지금의 정리는 다음과 같이 말할 수도 있다.

"나무의 오일러의 표수는 1이다."

"숲의 오일러의 표수는 나무의 수(연결성분의 수)와 일치한다."

그래프의 연결성분의 수를 0차원 베티 수라고 부르는 것은 이미 언급했다. 그러므로 다음의 정리를 얻는다.

"숲의 오일러의 표수는 0차원 베티 수와 일치한다."

오일러는 18세기를 대표하는 스위스 태생의 수학자인데 너무나도 심하게 눈을 혹사했기 때문에(물론 공부를 위해서) 30세가 채 되기 전에 애꾸눈이 됐다. 나머지 한쪽 눈으로 거듭 면학에 힘쓰기를 20년, 결국 그 눈도 실명하여 만년의 약 20년을 어둠 속에서 수학의 연구에 헌신했다고 한다. 요즘 말하는 장렬한 학자였다. 앞에서 언급한 쾨니히스베르크의 일곱 개의 교량 문제도 오일러가 푼 것인데, 그는 리만, 칸토어, 푸앵카레 등에 의한 19세기 토폴로지의 눈부신 발전의 준비를 행한 사람이라고도 할 수 있다.

● 가장 간단한 군

군(群)의 개념이 처음으로 공표된 것은 1830년 갈루아의 논문이라고 한다. 갈루아에 대해서는 새삼스럽게 언급할 것까지도 없겠지만 그 논문이 결투전야에 친구에게 맡겨진 유고였다는 것은 너무나도 극적이다.

군론(群論)은 현대의 추상대수(抽象代數)의 기반이 되는 분야이고 매우 중요하지만 일면 그 추상성 때문에 수학 전문가 이외의 사람들로부터는 경원되기 쉽다. 그 원인은 군의 정의가 복잡한 것 때문은 아니다. 비꼬아서 말하면 지나치게 단순하기 때문이다.

그러나 단순한 것이 이해하기 어려울 리가 없다. 이해하기 어려운 것은 추상적인 군이 구체적인 실재(實在)가 되어 일반 사람의 마음에 호소해

결투전야에 쓰인 갈루아의 논문

오지 않기 때문이다. 여기서 그래프의 점이나 선을 요소로 하는 군을 정의하여 그래프의 호몰로지군을 정의하는 준비를 함과 동시에 점이나 선처럼 눈에 보이는 대상으로부터 출발해서 군론을 이해하는 데 약간이나마 도움을 주고자 한다.

대학분쟁에서 학생과 단체교섭을 하고 있을 때 그중의 한 사람이 다음과 같은 것을 큰 소리로 외치고 있었다.

"다수결 등은 문제가 아니다. 1+1=2가 옳지 않다 따위의 말을 하는 놈은 100만 명이라도 분쇄해 보이겠다."

필자도 장사도구인 머리라도 분쇄당하면 곤란하므로 잠자코 있었지만 역사상 가장 간단한 군에서는 1+1=0이다. 이 군은 0과 1의 2개의 근본으로 되어 있고 연산은 다음의 법칙에 따른다.

$$0+0=0, 1+0=0+1=1, 1+1=0$$

이러한 군은 아주 많다. 예컨대 텔레비전의 스위치가 누름단추식으로 되어 있다고 하자. 스위치를 누르는 것을 1이라 생각하면 된다. 다시 한번 스위치를 누르는 것은 원래로 되돌아와서 아무것도 하지 않은 것과 같으므로 0에 상당한다. 또한 두 개의 물건을 교환하는 것을 1이라 생각해도 두 번 반복하면 원래로 되돌아오므로 마찬가지다.

그래프 G가 m개의 선과 n개의 점으로 되어 있는 것으로 한다. 이때 G의 몇 개의 선 α, β, ……, γ를 형식적으로 더한 것 즉 $\alpha+\beta+……+\gamma$를 1

차원 사슬이라 명명한다. 그리고 1차원 사슬을 원(元, 구성요소)으로 하여 그 전체를 1차원 사슬군이라 부르고 $C_1(G)$라고 적는다.

덧셈은 다음 두 개의 법칙에 따른다. α, β를 G의 임의의 선이라고 하면

$$\begin{aligned} \alpha + \beta &= \beta + \alpha \cdots\cdots \text{ 가환(可換)법칙} \\ \alpha + \alpha &= 0 \end{aligned}$$

두 개의 선 α, β로부터 만들어진 그래프 G의 1차원 사슬군은

$$C_1(G) = \{0, \alpha, \beta, \alpha + \beta\}$$

세 개의 선 α, β, γ로부터 만들어진 그래프 G의 1차원 사슬군은

$$C(G) = \{0, \alpha, \beta, \gamma, \alpha + \beta, \beta + \gamma, \gamma + \alpha, \alpha + \beta + \gamma\}$$

이고 일반적으로 선의 수가 m인 그래프의 1차원 사슬군의 원(元) 전체의 수는 2^m이다.

0차원 사슬군 $C_0(G)$도 마찬가지로 G의 몇 개의 꼭짓점의 형식적인 합을 원으로 하는 군이고(점은 0차원이다) 점의 총수를 n이라 하면 원의 총수는 2^n이다.

정의로부터 사슬군의 임의의 원을 A, B, C라고 하면 다음의 법칙이 성립하는 것은 명백하다.

$A + 0 = 0 + A = A$	영의 존재
$A + A = 0(A = -A)$	역원(음)의 존재
$A + B = B + A$	가환의 법칙
$(A + B) + C = A + (B + C)$	결합법칙

예컨대 역원(逆元)의 존재의 증명은 다음과 같이 하면 된다.

$$A + B = (\alpha + \beta + \cdots\cdots + \gamma) + (\alpha + \beta + \cdots\cdots + \gamma)$$
$$= (\alpha + \alpha) + (\beta + \beta) + \cdots\cdots + (\gamma + \gamma)$$
$$= 0 + 0 + 0 + \cdots\cdots + 0 = 0$$

〈그림 38〉과 같은 간단한 그래프 G에서는 $C_0(G)$와 $C_1(G)$는 바로 나타내 보일 수 있다.

$$C_0(G) = \{0, a, b, c, a+b, b+c, c+a, a+b+c\}$$
$$C_1(G) = \{0, \alpha, \beta, \alpha+\beta\}$$

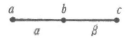

그림 38 | 그래프 G

이 예의 $C_0(G)$의 3개의 원(元) $\{a, b, b+c\}$를 잡으면 그 밖의 임의의 원은 이들의 합으로서 나타낼 수 있다. 예컨대 $c = b + (b+c)$, $a+b+c += a + (b+c)$, 이럴 때 $\{a, b, b+c\}$를 군 $C(G)$의 생성원(性成元)이라 부른다. $C_0(G)$의 생성원으로는 $\{a, b, c\}$ $\{a, b, c, b+c\}$라도 좋으나 마지막의 경우는 생성원 중에서 $b+c$는 그 밖의 b와 c의 합으로 나타낼 수 있으므로 1차 종속(從屬)이라고 한다. 또 그렇지 않은 $\{a, b, c\}$나 $\{a, b, b+c\}$와 같은 생성원을 1차 독립이라고 한다. 군이 1차 독립인 생성원에 포함되는 원의 수를 그 군의 랭크(계수, 階數)라고 한다. 일반적으로 $C_0(G)$와 $C_1(G)$의 랭크는 각각 점의 수 n과 선의 수 m이라는 것은 명백할 것이다.

• 그래프의 호몰로지군

도형의 성질을 탐구하는 경우에 직관적이고 직접적인 수단뿐만 아니고 여러 가지 대수적인 방법을 사용하는 것은 수학이라는 입장으로서는 당연하다. 해석기하에서는 좌표를 사용하고 길이나 넓이가 유클리드기하에서 중요한 의의를 갖는 것은 누구나가 알고 있다. 토폴로지에서는 호몰로지군, 호모토피군이 대활약을 한다.

공간이나 도형이라는 기하학적 개념과 군이라는 추상대수의 개념을 잘 결합하는 것은 도형의 경계이다. 선 α의 끝점이 a와 b일 때 α의 경계 $\partial\alpha$는 a와 b의 합이다. 즉 $\partial\alpha = a + b$라고 정의한다.

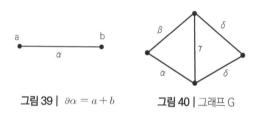

| 그림 39 | $\partial\alpha = a + b$ | 그림 40 | 그래프 G

〈그림 40〉의 그래프 G의 1차원 사슬 A가 주어졌을 때 A=α+β+……+γ라면 α의 경계는 $\partial A = \partial\alpha + \partial\beta + …… + \partial\gamma$로 정의한다. 여기서 ∂는 1차원 사슬 A에 0차원 사슬 ∂A를 대응시켜 임의의 두 개의 1차원 사슬 A, B에 관해서 $\partial(A + B) = \partial A + \partial B$가 성립하므로 ∂는 1차원 사슬군 $C_1(G)$로부터 0차원 사슬군 $C_0(G)$로의 준동형(準同型, 군에서 군으로의 대응의 하나)이고 연산(이 경우는 덧셈)을 유지하는 것이다.

1차원 사슬 A의 경계 ∂A가 0일 때 원래의 1차원 사슬 A를 사이클(1차원의)이라고 부른다. 사이클의 전체를 1차원 호몰로지군이라 하고 $H_1(G)$ 라고 적는다.

위의 예에서 1차원 호몰로지군이란 $H_1(G) = \{0, \alpha+\beta+\gamma, \delta+\epsilon+\gamma, \alpha+\beta+\gamma+\epsilon\}$이다. $\{\alpha+\beta+\gamma, \delta+\epsilon+\gamma\}$는 분명히 $H_1(G)$의 1차원 독립인 생성원이므로 $H_1(G)$의 랭크는 2이다. 일반적으로 $H_1(G)$의 랭크를 G의 1차원 베티 수라고 하고 $\beta_1(G)$라고 적는다. 이 예에서는 $\beta_1(G)$는 2이다.

경계의 정의로부터 다음의 정리는 간단히 증명할 수 있다.

"그래프 G의 1차원 사슬 A가 사이클이 되기 위한 필요충분조건은 A에 포함되는 선이 G의 각 점에 짝수개씩 모이는 것이다."

물론 0은 짝수 속에 넣고 있다.

$H_1(G)$가 어떠한 구조를 갖는 군인지 조사해 보자. 그래프 G가 나무일 때는 단일폐로를 포함하지 않는다는 것으로부터 $H_1(G)$는 0만으로부터 성립하는 군 {0}이다. 이럴 때 $H_1(G)$는 트리비얼(trivial)이라고 말하기로 한다. 트리비얼이라고 해도 물론 하챦다라는 의미는 아니다. 도형이 단순한 형태를 하고 있다는 것을 의미하고 그런 만큼 중요하다고도 할 수 있다. G가 숲일 때도 마찬가지로 $H_1(G)$는 트리비얼이다. 따라서 G가 나무나 숲이어도 G의 1차원 베티 수 $\beta_1(G)$는 0이다.

G가 연결 그래프인 경우를 생각해보자. G가 나무가 아니면 G의 적당한 선을 제거해도 나머지의 그래프는 연결이 될 것이다. 나머지의 그래프

가 나무가 아니면 또 한 개의 선을 제거할 수 있다. 이하 차례대로 선을 제거해서 결국 나머지의 그래프 G'가 나무가 될 때까지 계속한다. 나무 G'는 G의 부분 그래프이고 G의 점을 모두 포함한다.

연결 그래프 G_1에 G_1의 두 점 a, b를 끝점으로 하는 선 α를 새로 더해서 만들어지는 연결 그래프를 G_2라고 하고 $H_1(G_1)$과 $H_1(G_2)$를 비교해보자. G_1은 연결 그래프이므로 a와 b를 연결하는 G_1의 단일로 Γ가 존재한다. Γ상의 선과 α를 더하면 G_2의 사이클 A가 만들어진다. G_2의 임의의 사이클은 G_1의 사이클이거나 G_1의 사이클에 사이클 A를 더해서 만들어지는 사이클임을 증명할 수 있다. 그러므로 G_1의 사이클의 수 2배가 G_2의 사이클의 수가 된다. 즉 $H_1(G_2)$의 원(元)의 수는 $H_1(G_1)$의 원의 수의 2배다(그림 41).

연결 그래프 G는 나무 G'에 몇 개의 선을 더해서 만들어지는 그래프라고 간주할 수 있는 것은 이미 언급했다. $H_1(G')$에 트리비얼이므로 원은 0뿐이다. 선을 더할 때마다 1차원 호몰로지군의 원의 수는 배증되므로 결국 2^m이다. 물론 m은 더한 선의 수이지만 이미 언급한 설명으로부터 명백한 것처럼 $H_1(G)$의 생성원은 한 개의 선을 더할 때마다 1개씩 증가한다고 생각할 수 있으므로 G의 1차원 베티 수 $\beta_1(G)$는 m이다.

그래프 G의 점의 수에서 선의 수를 뺀 수를 오일러의 표수 $X(G')$이라고 하고 G'가 나무이므로 오일러의 표수 $X(G')$는 1이라는 것을 이미 언급했다. 또 그래프 G의 연결성분의 수를 0차원 베티 수 $\beta_0(G)$라 하는 것도 언급했다. 연결 그래프에서는 물론 $\beta_0(G)$는 1이다. 그러므로

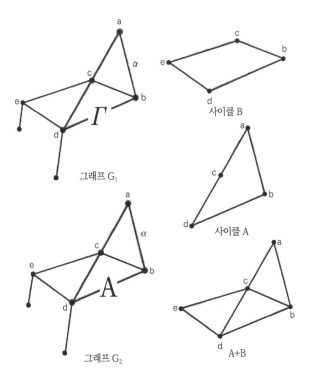

그림 41

$m = \beta_1(G)$를 고려에 넣으면 연결 그래프에 관한 오일러의 공식을 증명할 수 있다.

$$\text{점의 수} - \text{선의 수} = X(G') - m$$
$$= 1 - \beta_1(G) = \beta_0(G) - \beta_1(G)$$

그러므로 결론으로서 다음의 정리를 얻는다.

$$X(G) = \beta_0(G) - \beta_1(G)$$

G가 연결이 아닌 경우에는 연결성분으로 분해해서 증명하면 되므로 이 정리는 일반의 그래프에서도 성립한다.

• 4색 문제

19세기 말 런던의 지리학회에서 발단된 유명한 4색 문제도 그래프를 사용하는 편이 생각하기 쉽다. 그러나 4색 문제는 굉장한 난문이므로 심심풀이로 생각하는 정도로 해두고 본격적으로 정면공격 등은 하지 않는 편이 자신에게 이롭다.

4색 문제는 지도를 색별(色別)하는 문제이고 평면을 몇 개의 나라로 나누었을 때 서로 이웃한 나라는 상이한 색을 사용해서 색을 칠하도록 한다. 4색이 있으면 어떠한 지도라도 색칠해서 나누는 것이 가능할 것이라는 예상이다.

실제로 임의의 지도를 만들어 보면 반드시 4색으로 칠할 수 있다. 그러나 어떠한 지도라도 4색으로 충분하다는 증명은 아직 되지 않고 있다. 5색이면 충분하다는 것은 증명되어 있다.

〈그림 42〉처럼 평면상에 5개의 나라 a, b, c, d, e가 있었다고 한다. a, b, c, d, e를 점이라고 생각하고 나라가 서로 이웃하고 있을 때 두 점을 연결

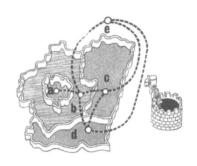

그림 42

하기로 하면 〈그림 43〉과 같은 그래프가 만들어진다. 그러므로 4색 문제는 평면상에 임의의 그래프를 그렸을 때 각 점에 네 가지의 색을 적당히 배분하여 선의 양 끝이 되는 것 같은 점은 반드시 상이한 색이 배분되어 있도록 할 수 있는가 하는 문제다.

〈그림 43〉처럼 평면상에 네 개의 점이 있고 그 어느 두 점도 선으로 연결되어 있는 그래프가 존재하는 것이기 때문에 4색이 필요한 것은 분명

그림 43

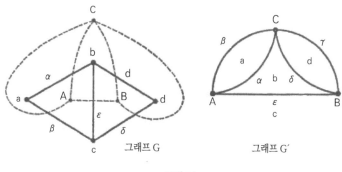

그래프 G   그래프 G′

그림 44

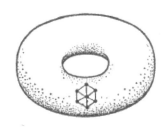

그림 45

하지만 문제는 4색으로 충분한가 하는 것이다. 수학에는 여러 가지 타입의 雙對定理(쌍대정리)라는 것이 존재한다. 토폴로지의 쌍대정리 입구에 해당하는 쌍대그래프의 개념을 소개한다.

〈그림 44〉에서 두 개의 그래프 G와 G'를 비교해 보면 G의 점 a, b, c, d에는 G'의 영역 a, b, c, d가 대응하고 G의 선 $\alpha, \beta, \gamma, \delta, \epsilon$에는 G'의 선 $\alpha, \beta, \gamma, \delta, \epsilon$이 대응하며 G의 영역 A, B, C에는 G'의 점 A, B, C가 대응하고 있다. 이러한 아름다운 쌍대관계가 성립하므로 G와 G'를 서로 그 밖의

쌍대그래프라 부른다.

　4색 문제는 국경을 만드는 그래프의 쌍대그래프 문제로 바꿔 생각하는 것이 보통이다. 기묘한 것은 지도의 색별 문제는 평면이나 구면과 같은 단순한 곡면에서는 미해결인데도 더 복잡한 곡면에서는 풀리고 있다. 예컨대 〈그림 45〉와 같은 트러스(원고리)에서는 7색이 있으면 어떠한 지도도 색칠하여 구분할 수 있다는 것을 히우드가 증명했다.

　또한 7색을 필요로 하는 지도도 만들 수 있다. 여러분도 스스로 시험해보기 바란다. 힌트는 물론 쌍대그래프를 사용하는 것이다. 그림과 같이 일곱 개의 점으로부터 만들어지는 그래프를 트러스 위에 만들고 나머지 아홉 개의 선을 더해서 어느 두 점도 선으로 연결되도록 하면 된다. 만일 생각하기 힘들면 튜브(부낭)라도 사용해서 실험하면 즉각 해결할 수 있을 것이다.

2
곡선의 장

• 여러 가지 곡선

곡선은 그래프(리니어 그래프)와 마찬가지로 1차원적 존재다. 역사적으로 봐도, 이해하기 쉽다는 점으로 봐도 곡선의 공부부터 손을 대는 것이 가장 자연스럽다. 곡선과 그래프와의 차이는 한 점에 세 개 이상의 선이 모이지 않는 것에 있다.

일반 토폴로지에서 다루는 곡선에는 여러 가지 잡다한 것이 포함되어 있다. 그들의 곡선을 전망 좋게 정리하는 것도 이 장의 목적인데 그 전에 대표적인 곡선의 예를 들어보자.

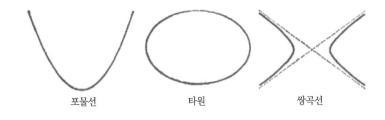

포물선   타원   쌍곡선

그림 46 | 대표적인 곡선

곡선이라는 말이 주는 이미지는 사람에 따라서 상당히 다르다. 먼저 마음속에 떠오르는 곡선은 공을 던졌을 때의 포물선, 태양을 도는 지구의 궤도와 같은 타원, 또는 그래프 용지에 그려진 쌍곡선이라는 2차 곡선일 것이다. 그러나 반드시 이렇게 매끄러운 것만 곡선이라고는 할 수 없다. 유치원의 어린이가 일필휘지로 그림을 완성한 그림도 곡선이다(그림 47).

곡선이라고 해서 반드시 굽어 있을 필요는 없다. 똑바른 선이라도 곡

그림 47

선의 무리에 넣는 편이 논리적이라는 것은 인정받을 수 있을 것이다. 따라서 직선이나 반(半)직선이나 선분도 곡선의 무리다(직선은 끝점을 갖지 않고 반직선에는 그것이 한 개, 선분에는 끝점이 두 개 있다).

일반 토폴로지의 입장에 서면 곡선은 매끄럽지 않아도 된다. 모서리가 있어도 괜찮다. 삼각형이나 사각형의 둘레, 꺾은선, 두 개의 반직선에 의

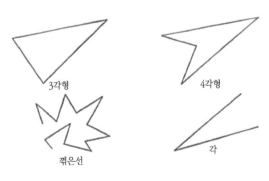

그림 48

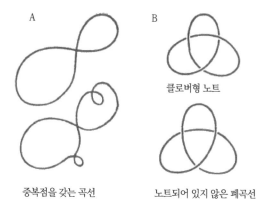

A   B

클로버형 노트

중복점을 갖는 곡선   노트되어 있지 않은 폐곡선

그림 49

해서 만들어지는 각도 곡선이다. 일반적으로 다각형이라 불리는 것도 그 둘레는 곡선이 된다(〈그림 48〉 참조).

8자처럼 곡선이 중복점을 갖고 있는 경우도 생각할 수 있다. 이와 같이 자기 자신 속에 교점(交點)을 가질 때는 그것을 곡선이라고 해야 할지 어떨지는 문제다. 또 그것과 보통의 곡선과의 본질적인 차이는 어디에 있는지도 쉬운 문제는 아니다. 그래서 이 장에서는 중복점을 가지는 것을 일단 곡선에서 제외하기로 하고 나중에 곡선의 연속상(連續像)으로서 취급한다. 곡선의 위(位)까지 생각하면 곡선 종류의 다양성이 거듭 분명해진다. 예컨대 〈그림 49〉의 B와 같은 두 개의 폐곡선은 어떻게 다른가 하면 그것은 공간 내에서의 위(位)가 다른 것이다.

이상과 같이 곡선이라 불리는 것의 범위는 매우 넓다. 그러나 곡선은 다음 두 개의 성질을 갖는다는 것을 지적할 수 있다. 먼저 곡선은 1차원적인 도형이다. 이 1차원적이라는 의미는 곡선이 들어가 있는 공간의 차원은 고려하지 않고 자기 자신의 차원만을 생각하면 1차원이라는 것이다.

다음으로 곡선은 가지로 갈라지지 않는다. 같은 1차원적인 도형이라도 그것이 리니어 그래프인 부분에는 한 점에서 몇 개나 되는 선이 나와 있어도 괜찮았다. 그러나 곡선에서는 그러한 것은 허용되지 않는다. 중복점을 갖는 것을 곡선의 범위에서 제외한 것도 가지로 갈라지는 것을 피하기 위해서다.

위의 두 가지 성격을 하나로 통합하면 "곡선은 국소(局所) 1차원 유클리드적이다"라는 것이 된다. 이 말의 상세한 의미는 곡선의 정의의 부분에서 밝히도록 하자.

• 직선과 동상인 곡선

1대1 연속의 대응이 붙는 두 개의 도형을 동상이라고 하는 것은 서장에서 언급했다. 이 사고방식에 따르면 상식적으로는 전혀 다르다고 생각되는 도형이 동상이 되는 경우가 있다. 직선과 동상인 곡선을 들어보면 그 범위는 실로 넓다. 예컨대 포물선은 직선과 동상이다. 왜냐하면 포물선상의 p점을 x축상에 사영(射影)한 점을 p'라고 하면 이 사영은 포물선($y = x^2$)으로부터 직선(x축) 상으로의 1대1 연속사상이다(〈그림 50〉의 A).

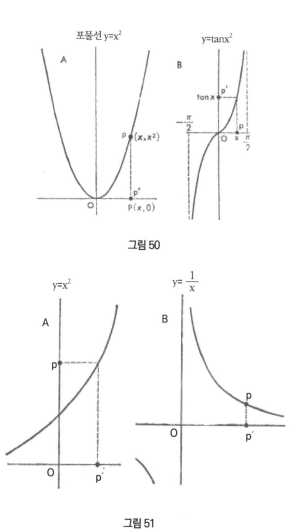

그림 50

그림 51

열림 구간 $\left(-\dfrac{\pi}{2},\dfrac{\pi}{2}\right)$과 직선($y$축)은 함수 $y=\tan x$를 사용해서 〈그림 50〉의 B처럼 p와 p'를 대응하면 1대1 연속사상이 생기므로 동상이다. 끝점을 제외한 반직선(y축에서 아래 절반부분과 원점을 제외시킨 것)과 직선(x축)

과는 함수 $y = 2^x$을 사용해서 〈그림 51〉의 A처럼 p와 p'를 대응시키면 1 대1 연속대응이 되어 동상이라는 것을 알 수 있다.

쌍곡선$\left(y = \dfrac{1}{x}\right)$의 하나의 가지($x > 0$)와 반직선에서 끝점을 제외한 것 (즉 x축에서 좌측 절반과 원점을 제외한 것)과는 〈그림 51〉의 B처럼 사영해 주면 1대1 연속대응이 되기 때문에 동상이다. 이미 반직선에서 끝점을 제외한 것이 직선과 동상인 것은 알고 있으므로 쌍곡선의 하나의 가지와 직선과는 동상이다.

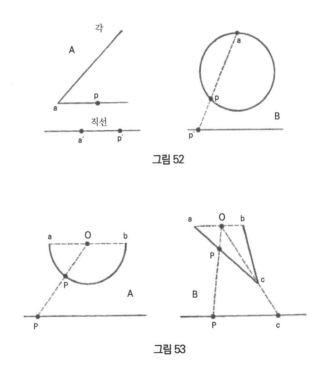

그림 52

그림 53

두 개의 반직선이 끝점을 공유하고 있을 때 그것을 각이라 부르기로 한다. 직선도 두 개의 반직선이 끝점을 공유하고 있는 것으로 생각할 수 있기 때문에 직선과 각은 1대1 연속대응이 가능하고 동상이다.

원둘레에서 한 점 a를 제외한 것과 직선은 〈그림 52〉의 B와 같은 위치에 직선을 두고 a를 광원(光源)으로 해서 사영해 주면 동상이라는 것을 확인할 수 있다. 반원둘레에서 양 끝점(a와 b)을 제외한 것과 직선과는 〈그림 53〉의 A와 같이 중심 O에서 사영할 수 있으므로 동상이다.

끝점 c를 공유하는 2개의 선분에서 양 끝점(a와 b)을 제외한 것과 직선과는 〈그림 53〉의 B처럼 동상이다.

● 반직선과 동상인 곡선

반직선이라 하는 경우에는 그 끝점도 포함해 둔다. 끝점이 들어가 있는지 아닌지는 매우 큰 문제이고 적당히 생각해서는 곤란하다. 예컨대 끝점을 제외하면 반직선과 직선이 동상이라는 것은 이미 앞 절에서 증명한 대로다. 그러나 반직선은 끝점이 들어가 있기 때문에 직선과 동상이 되지 않는 것을 확인할 수 있다.

직선은 어느 점에서 분단해도 두 개의 반직선으로 나눌 수 있다. 그러므로 앞 절에서 들은 여러 가지 곡선을 임의의 점에서 분단하면 한쪽(분단점을 포함하는)은 반직선과 동상이다. 따라서 절반 열린구간(선분에서 한쪽의 끝점을 제외한 것)은 반직선과 동상이다.

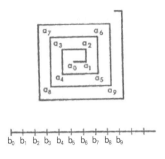

그림 54

〈그림 54〉처럼 a_0에서 출발하여 차례로 직각으로 구부러지면서 소
용돌이쳐 가는 꺾은선은 반직선과 동상이다. a_0와 반직선의 끝점 b_0를
대응시켜서 반직선상에 점열(點列) b_1, b_2, b_3, ……를 같은 간격으로 잡
아간다. 두 개의 선분은 길이라든가 위치에 관계없이 동상이므로 선분
$a_0 a_1$ 과 선분 $b_0 b_1$, 선분 $a_1 a_2$ 와 선분 $b_1 b_2$ ……으로 1대1 연속사상을 확

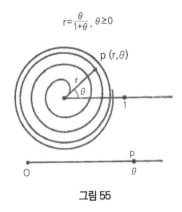

$$r = \frac{\theta}{1+\theta},\ \theta \geq 0$$

그림 55

장해 갈 수 있다. 그러므로 그림과 같은 소용돌이 꺾은선은 반직선과 동상이다.

여기서 반직선과 동상인 소용돌이곡선을 또 하나 들어보자. 상당히 기묘한 곡선이고 선은 원점에서 출발해서 소용돌이치면서 영원히 단위원(單位圓)으로 휘감겨 간다. 이 곡선은 극좌표(r, θ)로 나타낼 수 있다. θ가 0에서 출발하여 증가함에 따라 곡선은 소용돌이를 친다.

$r(=\theta/(1+\theta))$는 0에서 출발하여 차츰 증가하면서 1로 수렴해 가므로 곡선은 단위원으로 휘감겨 간다. 이것이 반직선과 동상이라는 것은 실수 θ로 나타낼 수 있는 수(數)직선상의 점 p와 곡선상의 점 $p'(r, \theta)$를 대응시킴으로써 확인할 수 있다.

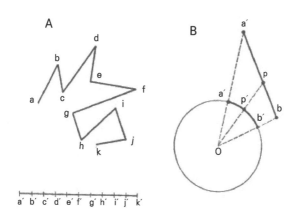

그림 56

• 조르당 곡선

그리스 수학의 정화(精華) 『유클리드의 원본』에는 "선은 폭이 없는 길이다"라든가 "선의 끝은 점이다"라고 서술하고 있다. 엄밀성이라는 점에서는 아무튼 문제가 있지만 능란한 표현이다. 그러나 기하학의 자명한 원시개념으로서 2천 년 이상 사용되어 온 이 개념에도 엄밀성과 논리성을 모토로 하는 근대수학의 입장에서 다시 빛을 쬐는 때가 왔다. 그 선두에 선 것이 19세기 말에서 20세기 초에 살았던 프랑스의 수학자 조르당이다.

선분과 동상인 곡선을 조르당 곡선이라 하고 원둘레와 동상인 곡선을 조르당 폐곡선이라 부른다. 조르당 곡선은 끝점이 없는 직선이나 끝점이 하나인 반직선과는 달라서 유계(有界)다. 평면 내의 도형을 유계라고 하는 것은 충분히 큰 원을 그리면 그 도형이 원의 내부에 쑥 들어가 버리는 것을 의미한다. 물론 직선을 내부에 싸는 것 같은 원이 존재하지 않는 것은 명백하기 때문에 직선은 유계가 아니다.

보통 꺾은선이라 불리는 것의 대부분은 조르당 곡선이다. 꺾은선이란

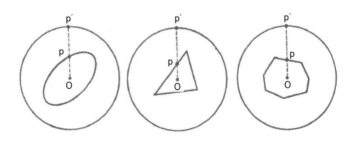

그림 57

유한개의 선분을 차례로 이어간 곡선이므로 (별개의) 하나의 선분을 꺾은 선의 그것과 같은 수의 선분으로 세분(細分)해서 각 선마다 1대1 연속대응을 붙여 가면 꺾은선 전체의 동상사상을 얻는다〈그림 56〉의 A). 원호(圓弧)가 선분과 동상인 것도 〈그림 56〉의 B처럼 사영에 의해서 p와 p'를 대응시키면 1대1 연속사상이 되는 것으로 확인된다.

조르당의 폐곡선의 예도 수없이 많다. 타원이나 삼각형의 둘레나 凸다각형의 둘레는 원둘레와 동상이다. 따라서 조르당 폐곡선과 동상인 것은 〈그림 57〉로부터 알 수 있을 것이다. 일반의 다각형의 둘레가 원둘레와 동상인 것은 원둘레를 다각형의 변의 수만큼의 원호로 세분하여 각 변과 원둘레의 사이에 차례대로 1대1 연속대응을 만들어 가면 전체의 동상사

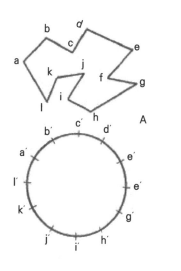

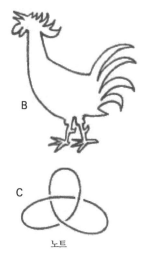

그림 58

상을 얻는다. 〈그림 58〉의 B와 같은 일필휘지로 그린 만화도 조르당 폐곡선이라고 간주해도 될 것이다. 다만 이 경우는 원둘레와 동상이라는 것을 증명할 수 있는 것은 아니고 단지 직관적으로 인식할 수 있을 뿐이다. 또 노트도 조르당 폐곡선이다. 노트와 지금까지의 예와의 차이는 노트가 들어가 있는 공간을 의식하는 점에 있다.

• 곡선이란 무엇인가

이 장의 첫머리에서 살펴본 가지각색의 곡선도 대체로 직선, 반직선, 선분, 원둘레의 어느 것인가와 동상이라는 것이 판명됐다. 그러나 유일한 예외는 쌍곡선이다.

쌍곡선은 두 개의 가지를 갖고 있고 하나하나의 가지는 직선과 동상이다. 쌍곡선과 그 밖의 곡선의 본질적인 차이는 쌍곡선이 연결이 아닌 점에 있다. 그래서 "연결인 곡선은 직선, 반직선, 선분, 원둘레의 어느 것인가와 동상이다"라는 정리가 성립한다. 이 정리는 연결인 곡선의 성격을 규정함과 동시에 연결인 곡선의 종류도 조사하고 있다.

다만, 이 정리에는 하나의 약점이 있다. 이것을 곡면 또는 보다 다차원의 경우에 일반화할 수 없다는 점이 약점이다. 즉 이 정리는 곡선이 1차원이라는 것에 지나치게 의존하여 곡선의 본질에 아직 다가서지 않고 있다. 1차원이라는 곡선의 특수성을 잊고 "곡선이란 무엇인가"라는 질문에 진지하게 답하려 하면 '국소 유클리드적'이라는 다양체의 정의가 나온다. 다만 다양이라는 말에 너무 연연하지 말고 다음의 위상적(位相的) 정의를 순순히 받아들이기 바란다.

"곡선은 1차원 다양체다."

그러면 1차원 다양체란 무엇인가라는 의문이 나온다. 그 답은 다음과 같다.

"각 점이 직선 또는 반직선과 동상인 근방을 갖는 도형이 1차원 다양체다."

직선은 1차원 유클리드공간이고 반직선이란 그 반(半)공간이므로 통틀어서 국소 유클리드적이라는 말을 사용하는 것이다. 물론 국소와 근방과는 대체로 같은 뜻으로 보아도 된다. 국소 유클리드적이란 전체로서는 반드시 유클리드공간과 동상이라고는 할 수 없으나 국소적으로는 유클리드공간과 동상이라는 의미다.

예컨대 열린구간은 직선과 동상이고 한 끝점을 제외한 반 열린구간은 반직선과 동상이라는 것을 상기하기 바란다. 가지가지의 곡선은 어느 것도 각 점의 근방이 직선 또는 반직선과 동상이라는 것은 직관적으로 명백할 것이다.

〈그림 59〉와 같은 꺾은선에서는 p나 q는 직선과 동상인 근방을 갖고 r

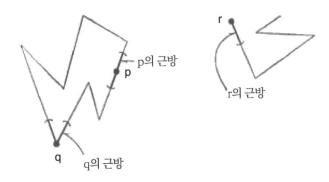

p의 근방

p

q

q의 근방

r

r의 근방

그림 59

은 반직선과 동상인 근방을 갖는다. 전자처럼 직선과 동상인 근방을 갖는 점을 곡선의 내점(內點)이라고 한다. 또한 후자처럼 반직선과 동상인 근방을 갖는 점을 곡선의 끝점(또는 경계점)이라고 부른다. 다시 한번 분명히 언급하면 "직선 또는 반직선과 동상인 근방을 갖는 도형이 곡선이다."

이 정의를 따르는 것 같은 곡선은 중복점도 허용하는 것까지 포함한 넓은 의미의 곡선이라고 말하기로 한다. 그러나 중복점에서는 직선 또는 반직선과 동상인 근방은 존재하지 않는 것이 보통이다. 그래서 넓은 의미의 곡선 정의로 "곡선의 연속상(像)을 넓은 의미의 곡선이라 부른다"라고 한다.

연속상이란 연속사상으로 얻는 상을 말하는데, 연속사상에서는 동상사상과 달라서 1대1 대응이 붙지 않아도 된다. 곡선의 몇 개의 점(때로는 무한개의 점)이 사상된 끝에서 한 점이 되어도 괜찮다. 그러한 점을 중복점이라고 한다.

이 넓은 의미의 곡선의 정의는 논리적으로는 지극히 명쾌하지만 지나치게 일반적이고 직관과는 도저히 상용(相容)될 수 없는 병적인 곡선까지 포함해버린다. 논리의 세계에서의 명쾌성과 실제 문제로써의 명쾌성은 전혀 별개의 것이라는 하나의 예다.

• 유사 이전부터 두 개의 세계

두 개의 세계라 해도 이제부터 언급하려고 하는 것은 PL토폴로지의 세계와 미분토폴로지의 세계를 말한다. 유클리드의 원론 이래 기하를 공부하는 사람들이 최초로 접하는 도형은 삼각형과 원이다. 기하학 이전 또 유사 이전의 원시인도 삼각형과 원만은 알고 있었던 것 같다.

원시인이 남긴 벽화에는 구상적(具象的)인 사람이나 동물의 그림 이외에 추상적인 삼각형이나 원의 그림이 그려져 있다. 이들의 그림은 종교적인 의의를 갖는지도 모른다. 또한 무한이라는 문제에 직접 접촉하게 되는 직선이나 수의 개념보다 콤팩트하고 단순한 삼각형이나 원이 그들에게는 친숙해지기 쉬웠는지도 모른다.

삼각형과 원의 차이를 그대로 토폴로지의 세계로까지 연장해 가면 PL토폴로지와 미분토폴로지의 차이가 된다. "삼각형의 둘레와 원둘레는 동상이다"라는 것은 일반 토폴로지의 입장에서의 발언이다. 실제 PL토폴로지 세계의 곡선이란 다각형의 둘레와 같은 선분을 연결해서 만들어지는 도형을 가리킨다. 또 미분토폴로지 세계의 곡선은 타원이라든가 포물선처럼 매끄러운 것이다.

　PL의 어원은 '피스와이즈 리니어'(piecewise linear, 구분적 선형)이다. 다만 리니어(선형)의 의미는 직선적이라든가 선분적이라는 것보다 '똑바른'이라든가 '평평한'이라고 해석해야 한다. 직선뿐만 아니고 평면도 '리니어'다. 즉 선형(線形)이란 좌표를 넣어서 생각하면 1차방정식으로 나타낼 수 있는 것 같은 도형이라는 의미다.

　PL곡선도 일반 토폴로지의 입장에서 말하면 점의 모임, 즉 점집합에 근방이라는 사고방식을 사용해서 **위**(位)와 **상**(相)을 도입한 것에 불과하다. 따라서 그 구성요소는 개개의 점이다. 그러나 PL토폴로지의 입장에서 보면 PL곡선이란 선분과 선분의 이음매인 꼭짓점으로부터 이루어지는 도형이라고도 생각할 수 있다.

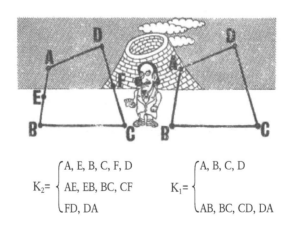

$$K_2 = \begin{cases} \text{A, E, B, C, F, D} \\ \text{AE, EB, BC, CF} \\ \text{FD, DA} \end{cases} \qquad K_1 = \begin{cases} \text{A, B, C, D} \\ \\ \text{AB, BC, CD, DA} \end{cases}$$

그림 60

PL곡선의 구성요소를 꼭짓점과 선분이라 생각했을 때 그 PL곡선을 복체(複體)라고 부른다. 복체란 꼭짓점이나 선분을 조합해서 만들어지는 도형이라는 의미다. PL토폴로지를 조합토폴로지라고도 부르는 것은 그러한 이유에서다.

예컨대 〈그림 60〉처럼 사각형 ABCD의 둘레는 4개의 꼭짓점과 4개의 선분으로부터 만들어진 복체 K_1이라고 생각할 수 있다. 그러나 그것을 선분 AB의 내점 E와 선분 CD의 내점 F도 꼭짓점이라고 생각하여 여섯 개의 꼭짓점과 여섯 개의 선분으로부터 이루어지는 복체 K_2라고 생각해도 괜찮다. 따라서 하나의 PL곡선을 복체로 간주할 때 그 복체는 일의적(一意的)으로 결정되는 것은 아니다. 또한 K_2처럼 복체 K_1을 거듭 분할해서 만들어진 복체는 K_1의 세분(細分)이라고 불린다.

한편 미분곡선이란 각 점이 직선 또는 반직선과 미분동상인 근방을 갖는 도형이다. 미분동상이란 단순히 동상(1대1 연속대응)인 것뿐만 아니라 거듭 좌표를 사용해서 표현하면 그 방정식이 미분 가능해지는 것을 의미한다. 직관적으로 말해서 각 점에서 접선이 일의적으로(즉 단지 한 개만) 그을 수 있는 매끄러운 곡선을 말한다.

PL곡선이라든가 미분곡선이 되면 어린이가 그린 그림처럼 기묘한 곡선은 어느 무리에도 넣어 줄 수 없다. 앞에서 반직선과 동상인 곡선으로서 두 개의 소용돌이 곡선을 들었는데 전자의 소용돌이는 PL곡선, 후자는 미분곡선이다.

• 수직선

토폴로지를 배우는 사람은 실수의 연속성을 회피해서 지나갈 수는 없다. 1차원 유클리드공간이란 직선을 말하는 것인데, 실수의 전체도 직선과 같은 뜻이라고 보아도 된다. 실수의 전체에 대한 것을 수직선(數直線)이라 부르는 것은 이 때문이다.

수직선의 토폴로지는 실수의 연속성을 기초로 하고 있다. 그러나 실수의 연속성을 이해하는 것은 용이하지 않다. 현대수학에 흥미를 갖고 그 중심인 추상수학을 배우려고 하는 사람들에게 이 어려움은 최초로 부딪히는 커다란 두꺼운 벽이다.

자연수로부터 출발해서 4칙연산만 생각한다면 우리는 유리수만으로 충분하다. 그럼에도 불구하고 어째서 무리수를 필요로 하는 것일까. 방정식의 근의 존재를 보증하기 위한 것일까. 만일 그렇다고 하면 오히려 허수에 대한 요구가 강하고 도저히 그것이 모든 무리수의 존재 이유가 될 수 없다. 우리가 무리수를 필요로 하는 이유는 실수의 연속성에 있다.

실수의 연속성의 표현은 데데킨트, 칸토어, 바이어슈트라스 등이 각각 상이한 방법을 채택해 정말로 다채롭다. 요컨대 실수의 연속성이란 실수에는 빈틈이 없다는 것이고 직선의 완전성(실수의 집합에는 부가시킬 여지가 없다)과 동등하다. 실수의 연속성을 증명하는 방법으로는 데데킨트의 절단 방법이 가장 유명하다.

실수의 집합 R을 절단하면—즉 R을 두 개의 공통부분을 갖지 않는 집합 A와 B로 나누고 A의 임의의 수가 항상 B의 임의의 수보다 커지도록 하면—A와 B의 경계에 있는 수 x가 일의적으로 결정된다.

"절단 (A, B)에는 실수 x가 일의적으로 대응한다."

이때 x가 A에 포함되는 경우와 B에 포함되는 경우로 갈린다. 즉 x는 A의 최솟값이나 B의 최댓값의 어느 쪽인가이다.

실수의 연속성을 토폴로지와 가급적 가까운 입장에서 언급하기 위해서는 집적점(集積點)이라는 개념을 사용한다. "어떤 실수 x가 집합 R의 부분집합 A의 집적점이다"라고 하는 것은 x의 임의의 근방이 A의 점을 무한으로 포함한다는 것이다. 예컨대 수열 $\{x_1, x_2, x_3, \cdots \cdots\}$가 x에 수렴하고 있으면 x는 그 수열의 유일한 집적점이다.

일반적으로는 집합의 집적점은 반드시 한 개라고는 할 수 없다. 그건 고사하고 F가 유리수의 집합이라면 임의의 실수가 F의 집적점이다. 이것을 유리수의 조밀성(稠密性)이라고 한다. 바꿔 말하면 어떠한 열린구간 속에도 유리수는 무한으로 들어가 있다. 실수의 연속성이나 유리수의 조밀성은 토폴로지의 세계에서는 중요한 의의를 갖는다. 실수의 연속성을 집적점을 사용해서 바꿔 말하면 다음과 같다. "수의 무한부분집합 A가 유계이면 A는 반드시 집적점을 갖는" 무한집합에서도 자연수의 집합처럼 유계가 아닌 경우는 집적점을 갖지 않는 경우가 있다.

• 병적인 곡선

앞에서 중복점을 갖는 것 같은 곡선을 넓은 의미의 곡선이라고 하고 보통 곡선의 연속상으로서 정의했다. 이 정의에 속하는 곡선은 여러 가지 잡다하고 개중에는 우리의 직관과는 전적으로 상반되는 것이 있다.

1890년 이탈리아의 토리노 대학 교수인 G. 페아노가 보인 페아노곡선이 그 한 예다. 이 곡선은 하나의 정사각형의 온갖 점을 통과한다. 따라

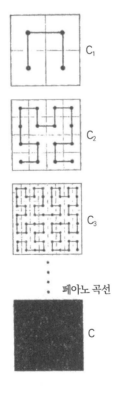

그림 61 | 페아노곡선

서 "유클리드 원론 이래의 상식인 선은 폭을 갖지 않는다"라는 사고는 뒤집어졌다. 또 곡선은 1차원이고 곡면은 2차원적 존재라는 통념도 무너진다. 물론 우리의 상식이 틀린 것이 아니고 곡선의 정의가 지나치게 넓은 의미를 갖고 있는 것이다. 미분곡선이나 PL곡선의 경우라면 가령 정의를 다소 넓혀도 이러한 병적인 곡선을 포함하는 일은 없다.

페아노곡선은 보통의 곡선의 계열 C_1, C_2, C_3……를 만들고 그 계열의 극한으로서 정의되는 곡선 c이다. C_1은 정사각형을 4등분해서 만들어지는 네 개의 정사각형의 중심을 지나고 C_2는 같은 정사각형을 16등분해서 만들어지는 정사각형의 모든 중심을 통과하고 있다. 이러한 조작을 반복해서 얻는 극한의 곡선 c는 정사각형 내의 모든 점을 지나는 것이 된다.

페아노곡선은 선분의 연속상이지만 2중점, 3중점, 4중점을 포함한다. 2중점과 3중점밖에는 포함하지 않는 페아노곡선(정사각형을 메우는 넓은 의미의 곡선)은 만들 수 있지만 중복점으로서 2중점밖에 갖지 않는 페아노곡선은 존재하지 않는다는 것이 증명되었다. 이 명제는 차원에 관한 정리이고 정사각형이 2차원이라는 것이 이 정리의 근거다. 물론 중복점이 없는 페아노곡선은 있을 수 없고 선분은 중복점을 가지지 않는다. 따라서 다음의 정리를 얻는다. "선분과 정사각형은 동상은 아니다."

• 연결인 곡선
실수의 연속성과 사상의 연속성은 관련은 있지만 다소 다른 의미를 갖는다. 실수의 연속성은 오히려 직선의 연결성에 결부되고 있다. 지금까지 예거한 곡선 중에서 불연결인 곡선은 쌍곡선뿐이다. 연결성을 밝히려면 먼저 불연결인 곡선을 추구해 볼 필요가 있을 것이다.

쌍곡선에는 두 개의 가지가 있고 그것들은 떨어져 있다. 또 수(數)직선 R에서 한 점 O를 제외한 도형은 두 개의 반직선(끝점을 제외한)$(0, +\infty)$ 와 $(0, -\infty)$로 나뉜다. 즉 불연결인 곡선 C는 반드시 두 개의 부분 A, B로 나뉘고 A와 B와는 접하고 있지 않다. '접하고 있지 않다'라는 의미는 B는 A의 집적점을 포함하지 않고 A는 B의 집적점을 포함하지 않는다는 것이다.

따라서 역으로 한 개의 곡선 C가 연결일 때 그것을 2개의 부분집합 A와 B로 나누면 반드시 B가 A의 집적점을 포함하든가 A가 B의 집적점을 포함하든가 적어도 어느 쪽이든 한쪽이 성립한다.

직선 R이 연결이라는 것은 실수의 연속성에 의해서 보증되지만 그 엄밀한 증명은 상당히 번거롭다. 어려운 부분은 그것을 두 개의 부분집합 A, B를 나누는 방법으로 온갖 경우를 상정(想定)하지 않으면 안 되는 점에 있다. 선분, 반직선, 원둘레의 연결성도 마찬가지로 실수의 연속성으로 증명된다. 한편 연결인 곡선은 반직선, 직선, 선분, 원둘레의 어느 것과 동상이라는 것은 이미 언급한 대로다.

• 콤팩트한 곡선

콤팩트(compact)라는 개념은 앞 절의 연결성과 함께 일반 토폴로지에 관한 성질로서 중요하다.

직선이나 평면처럼 무한으로 퍼져가는 것 같은 도형, 즉 유계가 아닌 도형은 콤팩트하지 않다. 또 열린 선분처럼 그 집적점인 끝점이 도형 자신에 속하지 않는 경우, 즉 도형이 닫힌 집합이 아닌 경우도 콤팩트라고는 할 수 없다. 닫힌 집합이란 그 집적점을 반드시 포함하는 점집합을 말한다. 사실 열린 선분의 끝점은 그 집적점이지만 열린 선분에 포함되어 있지 않다. 그러므로 열린 선분은 닫힌 집합은 아니다.

콤팩트한 도형이란 유계인 닫힌 집합을 의미한다. 유계인 도형이란 충분히 큰 원이나 구를 그리면 그 속에 포함되는 것 같은 도형이라는 것은 이미 언급한 대로다. 또 평면 내(공간 내)의 유계인 무한집합은 반드시 집적점을 갖는다. 실은 이 명제도 실수의 연속성에 결부된다. 콤팩트한 점집합을 바꿔 말하면 임의의 무한부분집합이 집적점을 갖고 그 집적점이 포함되는 것 같은 점집합이라는 것이다.

콤팩트는 연결과 함께 연속사상으로 유지되는 성질의 하나다. 즉 "콤팩트한 점집합의 연속상은 콤팩트하다", "연결인 점집합의 연속상은 연결이다." 따라서 콤팩트도 연결도 **위상불변량**이다. 즉 동상사상(1대1 연속사상)으로 유지되는 성질이다.

콤팩트성은 연속사상으로 유지되지만 유계라든가 닫힘은 반드시 유지된다고는 할 수 없다. 직선과 열린 선분은 동상이지만 직선은 유계가 아닌데도 열린 선분은 유계다. 또 직선의 집적점은 모두 직선에 포함되는데도 열린 선분의 끝점은 집적점임에도 불구하고 포함되어 있지 않다. 직선은 닫힌 집합인데 그것과 동상인 열린 선분은 닫힌 집합은 아니다.

수직선 R 속의 콤팩트한 부분집합을 생각하면 이것은 유계이고 닫힘이라는 것으로부터 반드시 최댓값과 최솟값을 갖는다. 도형(점집합)에서 R로의 사상을 함수라 부르기로 하면 "콤팩트한 점집합상의 연속함수는 최댓값과 최솟값을 갖는다"라는 최댓값, 최솟값의 존재 정리는 연속상이 또 R 속의 콤팩트한 부분집합이 되기 때문이다.

열린 구간 $(-\frac{\pi}{2}, \frac{\pi}{2})$으로 정의된 연속함수 $y = \tan x$는 최댓값도 최솟값도 갖지 않는데 이는 콤팩트하지 않은 도형상에서 정의된 함수이기 때문이다. 미적분에서 중요한 중간값의 정리도 연결성을 이용해서 일반화

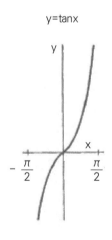

그림 62

해 둔다.

"연결인 점집합 X상의 연속함수 $y = f(x)$에서 $f(a) < f(b)$이고 α를 $f(a)$와 $f(b)$ 중간의 임의의 값이라고 하면 $\alpha = f(c)$를 만족하는 X의 점 c 가 존재한다."

X의 연속상 $f(X)$는 R의 연결인 집합이지만 만일 그러한 c가 존재하지 않으면 $f(X)$는 α로 양단(兩斷)되는 것으로 되어 연결성에 모순되므로 이 정리가 성립한다.

콤팩트하고 연결인 곡선이 되면 종류는 매우 적어진다. 선분과 원둘레 는 그렇지만 사실 콤팩트하고 연결인 곡선은 이 두 종에 한정된다.

"콤팩트하고 연결인 곡선은 선분 또는 원둘레와 동상이다."

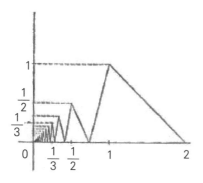

그림 63

직선과 열린 선분은 동상이지만 한쪽은 무한의 길이를 갖고 한쪽은 길이가 유한이다. 콤팩트한 곡선은 유계이므로 길이도 유한이 될 것 같지만 무한의 길이를 갖는 것도 있다. 예컨대 〈그림 63〉처럼 점(2, 0)에서 출발해서 $1, \frac{1}{2}, \frac{1}{3}, \frac{1}{4}, \cdots\cdots$로 극치(極値)를 취하면서 원점 O로 수렴해가는 곡선은 길이는 무한이지만 선분과 동상이므로 콤팩트하다. 길이가 무한인 것은 급수 $1 + \frac{1}{2} + \frac{1}{3} + \frac{1}{4} + \cdots\cdots$가 발산(發散)하는 것을 이용해서 증명할 수 있다.

• 평면 내 곡선의 위

지금까지는 주로 곡선의 상에 관한 성질을 논해 왔는데 토폴로지의 또 하나의 기둥인 **위**(位)에 대해서 생각해 보자. 그러나 도형의 위는 항상 **상**(相)과 관련되는 것을 잊지 말기를 바란다. 도형의 위치란 그것을 포함하는 공간에 그 도형이 어떻게 들어가 있는가 하는 것인데 곡선의 상과 공간의 상과의 관계가 곡선의 위이다.

공간이라고 해도 우리가 살고 있는 공간만이 공간은 아니다. 여기는 토폴로지의 세계이므로 토폴로지가 도입되는 것 같은 공간이라면 무엇이든 좋다. 서장에서 언급한 것처럼 적당한 조건을 만족하는 것 같은 근방이 정의되어 있는 도형이면 이것을 위상공간이라고 해도 된다. 평면 R^2(2차원 유클리드공간), 보통의 공간 R^3(3차원 유클리드공간), 4차원 유클리드공간 R^4, 구면, 트러스 등 여러 가지 곡면 등도 위상공간이다.

원둘레와 동상인 곡선을 조르당 폐곡선(단순히 폐곡선이라고도 한다)이라고 부르고 선분과 동상인 곡선을 조르당 곡선이라고 한다는 것은 이미 언급했다. 그러므로 조르당의 정리가 다시 필요하다.

"조르당 폐곡선은 평면을 두 개의 영역으로 나누고 조르당 곡선은 평면을 나누지 않는다."

이 정리는 토폴로지의 기본적 정리의 하나이지만 증명은 상당한 테크닉을 필요로한다. 증명의 방법을 여기서 언급해도 그다지 이 책으로서 의의가 있다고는 생각할 수 없다. 그러므로 이 정리가 갖는 의미를 생각해 보자.

초등기하에서는 이 정리와 관련된 명제를 깊게 음미하지 않고 사용하고 있다. 평면에 있는 원이나 삼각형에는 내부와 외부가 존재한다는 것은 누구라도 알고 있지만 내부란 무엇인가, 외부란 무엇인가를 생각한 경우가 있을까. 원이나 삼각형이라면 좌표를 사용해서 내부나 외부를 표현할 수 있지만 일반 도형의 경우는 그렇게 간단하지는 않다.

n다각형의 내각의 합은 $(2n - 4)$직각이고 외각의 합은 4직각이라고 하지만 내각이란 무엇인가, 외각이란 무엇인가를 분명히 설명할 수 있는 사람은 적다. 토폴로지의 입장에서 내부라든가 외부라든가 하는 개념규정을 하는 것이 아니면 직관적으로 명백하다고 말할 수밖에 방법이 없다.

조르당의 정리에 따르면 C평면 R^2 내의 조르당 폐곡선이라 하면 R^2

그림 64 | 카우보이가 몰아넣은 들소는 어느 쪽인가?

에서 C를 제외한 점집합 $R^2 - C$는 연결은 아니고 그것은 연결인 2개의 점집합 A와 B로 나뉜다. 이때 한쪽의 B는 유계이고 다른 쪽의 B는 유계가 아니다. 그리고 A를 내부라고 하고 B를 외부라고 부른다.

〈그림 64〉의 꺾은선은 닫힌 벽이다. a와 b는 몰린 들소다. 한 쪽은 벽의 외부에 있고 다른 쪽은 내부에 있다. 벽의 양쪽에 있는 것이므로 조르당의 정리에 따르면 어느 쪽인가가 내부이고 어느 쪽인가가 외부이지만 그 판정은 어렵다. 정리의 증명의 어려움은 이 판정의 곤란성과는 다소 다르지만 이 예로써 증명의 복잡성을 얼마간 이해해 주면 다행이다.

곡선이 원둘레와 동상이면 평면을 두 개로 나누고 선분과 동상이면 나누지 않는다고 하는 것이니까 언뜻 보기에 이 성질은 위상불변량처럼 보인다. 그러나 잘 생각해 보면 그렇다고 말할 수도 없다. 예컨대 직선은 평면을 두 개의 영역으로 나누지만 직선과 동상인 열린 선분은 평면을 나누지 않는다.

조르당의 정리는 평면의 상과도 관련되어 있다. 예컨대 마찬가지 정리가 구면에서도 성립하고 구면과 동상인 곡면(4면체, 입방체의 표면 등)에서도 성립한다. 다만 이 경우는 나뉜 2개의 부분은 양쪽 모두 유계(有界)이므로 내부, 외부를 지정할 수는 없지만 두 개의 영역으로 나눌 수 있는 것은 확실하다.

한편 구면과 동상이 아닌 곡면, 트러스 T(도넛의 표면과 동상인 곡면)에서는 그 폐곡선의 위치에 따라서 조르당의 정리가 성립하는 경우와 성립하지 않는 경우가 있다. 〈그림 65〉처럼 T 위의 두 개의 폐곡선 C_1과 C_2를 생각하면 C_1은 T를 나누지 않지만 C_2는 T를 두 개의 영역으로 나눈다. 실제로 C_1을 따라서 가위로 잘라도 T는 연결이지만 C_2를 따라서 자르면 T는 분단되어 버린다. 이러한 성질은 T에서 곡선의 위(位)의 문제라고도 말할 수 있지만 일면 T의 상(相)을 규정할 때 역으로 이 폐곡선의 위(位)에 관한 성질을 이용하는 것이다. 그것은 곡면의 분류 때 언급하기로 하자.

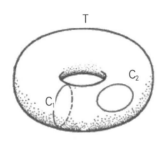

그림 65

• 쉔프리스의 정리

조르당의 곡선정리로부터 평면 내의 폐곡선 C는 평면을 내부와 외부로 나누는 것과 내부의 연결성이 밝혀져 있다. 그러나 내부 또는 외부의 상에 관해서는 아무것도 언급하고 있지 않다. 쉔프리스[1]의 정리에 따르면 폐곡선 C의 선정방법에 관계없이 내부는 내부끼리, 외부는 외부끼리가 동

---

1 Arthur Moritz Schoenflies(1853~1928), 독일의 수학자.

상이라는 것이 보증된다. 쉔프리스의 정리는 다음과 같이도 말할 수 있다.

"평면 내 R^2의 폐곡선 C_1에서 C_2로의 동상사상 f는 R^2에서 R^2으로의 동상사상 F로 확장할 수 있다."

〈그림 66〉은 쉔프리스 정리의 증명방법을 설명한 것이 아니고 폐곡선의 동상사상 f를 평면의 동상사상 F로 확장하는 예에 불과하다. 삼각형의 둘레 C_1에서 원둘레 C_2로의 사상 f는 그림처럼 원의 중심 O로부터의 사영(射影) $p' = f(p)$에 의해서 주어진다. 반직선 Op로부터 같은 반직선상의 동상사상을 비(比) $\dfrac{Op'}{Op} = \dfrac{Oq'}{Oq}$를 유지하도록 해서 정하면 이 각 반직선상의 동상사상은 평면 전체의 동상사상 $q' = F(q)$가 된다. 이 F를 f의 확장이라고 한다. 또한 f를 F의 축소라고도 한다.

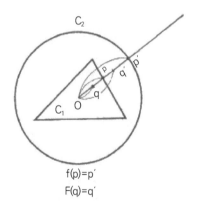

f(p)=p´
F(q)=q´

그림 66

쉔프리스의 이 정리에 대한 일반적인 증명은 앞 절의 조르당의 정리 증명과는 이질(異質)적이지만 그것은 더욱 어려워진다. 조르당의 정리, 쉔프리스의 정리에 의해서 평면 내의 폐곡선의 위(位)는 한 종류밖에 없는 것이 된다.

• 공간 내 곡선의 위

앞 절의 쉔프리스의 정리를 바꿔 말하면 평면 내의 폐곡선은 모두 동위라는 것이 된다. 3차원 유클리드공간 R^3의 곡선이 되면 동상인 곡선에도 위가 다른 것이 있고 일반 토폴로지의 입장에 서는가, 미분 또는 PL토폴로지의 입장을 취하는가에 따라서도 문제는 달라진다.

먼저 R^3 내의 조르당 곡선을 생각해 보자. 선분과 동상인 곡선이 조르

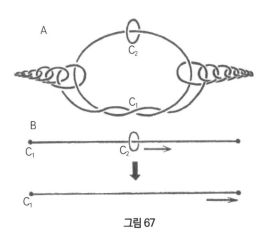

그림 67

당 곡선이지만 단순히 동상이라고 말하는 것뿐이면 기묘한 곡선이 포함된다. 〈그림 67〉의 A의 곡선 C_1은 선분과 동상인 곡선이고 3차원 유클리드공간 R^3 속에 가로놓여 있지만 R^3 속의 선분과 동위는 아니다. 즉 R^3을 R^3으로의 동상사상이고 C_1을 선분상으로 가지고 갈 수 없는 것이다. 그 증명은 간단하지 않지만 직관적으로 말하면 그림의 폐곡선 C_2를 C_1으로부터 떼어 낼 수는 없으나 C_1이 선분과 동위의 경우라면 〈그림 67〉의 B처럼 떼어 낼 수 있을 것이다.

그러나 C_1이 선분과 PL동상 또는 미분동상의 경우라면 선분과 동위이고 그 증명도 그렇게 어렵지는 않다. 매끄러운 곡선, 또는 꺾은선과 일반의 곡선과의 차이가 여기서 분명히 나타난 것이다. 일반 토폴로지의 입장에서 문제를 생각하고 있다가는 너무나도 현실과 동떨어진 병적인 도형이 포함되므로 미분토폴로지 또는 PL토폴로지에 우리의 세계를 제한하여 말하는 편이 현명할 것이다.

그림 68

•노트

이쯤에서 병적인 곡선은 피하고 꺾은선 또는 매끄러운 곡선만을 생각하기로 하자. PL토폴로지와 미분토폴로지의 차이는 곡선을 다루고 있는 단계에서는 그다지 문제가 되지 않으므로 그림을 그리기 쉬운 매끄러운 곡선에 한정하기로 한다.

앞 절에서 선분과 동상인 매끄러운 곡선끼리는 동위라는 것을 언급했지만 닫힌곡선이 되면 매끄러워도 반드시 동위라고는 할 수 없다. 〈그림 68〉의 세 종의 폐곡선은 모두 위(位)가 다르다. 3차원 유클리드 공간의 매끄러운 폐곡선을 노트(knot)라 부르고 특히 원둘레와 동위인 것을 언노티드(unknotted)라고 한다. 이 두 개의 그림은 잠깐 보면 같은 것처럼 보이지만 한 쪽은 언노티드, 다른 한쪽은 노트되고 있다(그림 69). 따라서 위(位)가 다르다. 곡선에 한정하지 않고 공간 내의 도형의 위를 조사할 때 노트가 관련되는 일이 적지 않다.

노트 이론은 토폴로지의 여러 가지 연구 영역 중에서도 활발한 분야이고 일본에서도 많은 연구 성과를 올리고 있다. 노트 이론은 3차원 유클리

언노티드

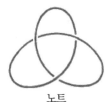
노트

그림 69

드 공간 R^3의 상(相)의 규명에 빼놓을 수 없는 것이다.

노트는 3차원 공간 내의 매끄러운 폐곡선이지만 공간은 3차원, 곡선은 1차원이고 그 차원 차는 2차원이다. 이 2차원의 차는 매우 중대한 의미를 갖는다는 것이 밝혀졌다. 4차원 공간 내의 2차원의 도형, 5차원 공간 내의 3차원의 도형 등등…… 차원 차가 2인 경우의 위는 그 밖의 차원 차의 경우와 비교해서 상당히 복잡하다. 이를테면 마(魔)의 2차원 차이다. 이 문제는 4차원 유클리드공간 R^4 내의 폐곡선의 위를 논할 때 언급하기로 한다.

노트의 종류가 무한으로 있다는 것은 간단히 알 수 있지만 노트의 분류는 미완성이다. 또 두 개의 노트가 주어졌을 때 양자가 동위인지 아닌지를 판정하는 방법은 아직 알려져 있지 않다. 다만 하나의 폐곡선이 언노티드인지 어떤지의 판정은 할 수 있다.

• 곡선의 운동

3차원 유클리드공간 R^3 내 두 개의 곡선의 위가 같은지 어떤지는 R^3에서 R^3로의 동상사상이고 하나의 곡선을 다른 한쪽으로 서로 겹칠 수 있는지 아닌지에 따라 판정된다. 그러나 더 직관적인 판정법이 있다. 그것은 곡선의 운동을 이용하는 방법이다.

곡선의 운동을 아이소토픽(isotopic)한 운동과 호모토픽(homotopic)한 운동으로 나눠서 생각한다. 다만 이 절에서도 곡선은 매끄러운 것만으로 한정한다. 운동이란 도형이 시간에 따라 연속적으로 움직이는 것을 말한다. 물론 유클리드 기하학적인 의미에서는 변형을 해도 괜찮지만 아이소토픽한 운동에서는 어느 시각(時刻)에서도 도형은 동상이지 않으면 안 된다. 호모토픽한 운동에서는 도중에서 중복점이 생겨도 괜찮다.

클로버형 노트에서 원둘레로는 아이소토픽한 운동으로 옮길 수 없다. 그러나 〈그림 70〉처럼 호모토픽한 운동에서는 그것이 가능해진다.

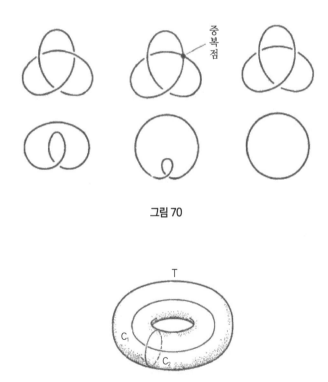

그림 70

그림 71

공간 내의 동상인 두 개의 도형이 동위라는 것은 아이소토픽한 운동으로 한 쪽을 다른 한 쪽으로 서로 겹치는 것이 가능해지는 경우다.

트러스 T상의 두 개의 폐곡선 C_1과 C_2는 T상에서만으로는 호모토픽한 운동으로도 서로 겹칠 수 없다. 아이소토픽한 운동에서는 더욱더 그렇다. 따라서 C_1과 C_2는 T에서의 위가 다르다(그림 71).

• 4차원 공간 내의 곡선

이미 마의 2차원 차에 대해서 언급했지만 실제로 3차원 공간의 경우를 제외하면 유클리드공간 내 폐곡선의 위는 한 차례밖에 없는 것이다. 평면 내 두 개의 폐곡선은 쉔프리스의 정리에 의해서 동위가 보증되어 있기 때문에 4차원 유클리드공간 R^4의 폐곡선에 대해서 생각하기로 한다.

R^4에는 4개의 직교축(直文軸) x축, y축, z축, t축이 있다. 지금 x축, y축, z축이 뻗는 3차원 유클리드공간 R^3에 클로버형 노트가 있다고 한다. 이 때 〈그림 72〉의 (1)처럼 호 ab의 부분을 (2)에 나타낸 것처럼 4차원 공간의

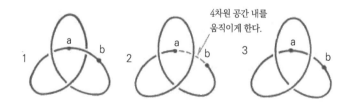

그림 72

상반(上半) 공간 $t > 0$ 을 통과시키고 다시 R^3 속으로 되돌아와서 〈그림 72〉의 (3)과 같은 위치까지 가지고 올 수 있다. 물론 이 운동은 아이소토픽한 운동이기 때문에 클로버형의 노트도 4차원 공간 내에서는 언노티드다. 일반의 매끄러운 폐곡선도 거의 같은 방법으로 아이소토픽한 운동을 이용해서 원둘레에 겹칠 수 있다. 그러므로 4차원 공간 R^4 의 폐곡선의 위는 한 차례 밖에 없다.

● 링크

곡선의 장을 마치기 전에 링크(link)의 문제를 언급해 두자. 링크란 두 개 이상의 곡선이 공간 내에 있을 때 위(位)에 관한 개념이다. 〈그림 73〉과 같은 폐곡선 a 와 b 나 a' 와 b' 는 분리할 수 없다. 이러한 곡선은 서로 링크되어 있다고 일컬어진다. 공간 내에 있는 도형의 위치관계를 조사하고 있으면 예상외로 링크의 문제로 귀착되는 것이 있다.

다음과 같은 마술이 있다. 두 사람이 서로 마주 보고 각각 두 손을 끈으로 묶고 〈그림 74〉처럼 링크하는 것이다. 즉 각자의 어깨선과 양팔, 끈을 합해서 하나의 폐곡선이라 생각하면 2개의 폐곡선이 만들어져서 링크되고 있는 것이 된다.

그런데 이 링크는 풀린다. 물론 묶은 끈을 풀어서는 안 된다. 즉 하나의 폐곡선이라고 간주한 어깨, 양팔, 끝이 완전히 닫혀 있지 않은 것을 확인할 수 있다. 만일 손에 감은 고리가 그림처럼 크면 손이 쏙 빠지니까 문

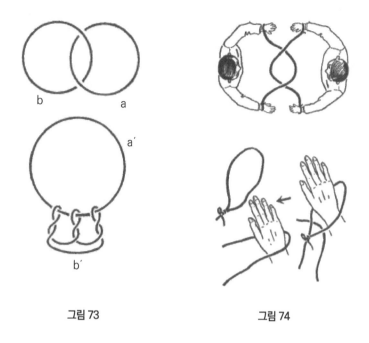

그림 73   그림 74

제가 되지 않는다. 그러나 끈은 신축은 할 수 없다 해도 꺾거나 굽히거나 어느 정도의 토폴로지적 운동이 가능한 것을 이용하는 것이다. 손을 쑥 빼는 대신에 한쪽의 끈을 변형해가면 된다. 〈그림 75〉처럼 상대방의 끈을 팔에 감은 고리의 틈새로부터 끌어올려 손을 빠져나가게 하면 링크가 풀려버린다. 고리를 크게 하여 손을 쑥 뽑는 것과 상대방의 끈을 고리의 틈새로 빠져나가게 해서 운동시키는 것이 같은 의미를 갖는다는 것을 이해한 사람은 토폴로지의 입장을 다소 이해했다고 생각해도 된다.

그래프의 장과 곡선의 장에서 1차원적 도형의 토폴로지를 공부했다. 다음 장부터 2차원 이상의 도형에 들어가는데, 1차원과 2차원 사이에는 커다란 거리가 있다. 이 거리를 극복하는 것이 고차원으로의 먼 길을 착실하게 전진하는 유일한 방법이다.

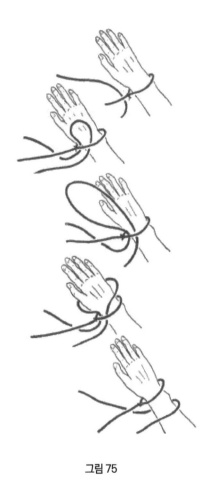

그림 75

3
곡면의 장

• 곡면이란 무엇인가

이제까지 1차원적인 도형으로서 그래프와 곡선을 공부했다. 이제 차원을 또 하나 높여서 곡면을 등장시키자. 곡면의 연구는 3차원 공간에 사는 우리에게 필요불가결한 것은 말할 것도 없고, 수학적으로 중요한 고차원 공간 연구의 실마리를 여는 것이기도 하다. 곡면의 고찰 없이 고차원 다양체의 이론은 성립하지 않는다.

길거리에 서서 지나가는 한 사람 한 사람에게 "곡면이란 무엇입니까"라고 질문해 보면 그 반응은 천차만별일 것이다. 그것은 당연하다. 현재의 교육에서는 그러한 질문에 대한 통일된 답은 나와 있지 않기 때문이다. 또한 곡선의 경우는 연결이라는 조건을 넣으면 직선, 반직선, 선분, 원의 어느 것인가와 동상이다. 따라서 토폴로지 세계의 연결곡선은 네 종에 한정한다고 말해도 된다. 그러나 곡면은 가령 연결의 조건 하에서도 그 종류는 무한으로 있다. 곡면을 직관적으로 파악한 다음과 같은 답은 흥미롭다.

"물체의 표면이 곡면이다."

이 답의 장점은 $z = f(x, y)$라는 방정식에 의한 곡면의 정의보다 일반성을 갖고 있는데다가 곡면의 다양성이 표현되어 있다는 것이다. 그러므로 일그러진 도형도 연구의 대상으로 하는 현대의 수학자에게 용기를 북돋아준다.

곡면을 통일적으로 규정하려면 곡선의 경우와 마찬가지로 다양체의 개념을 사용하는 것이 가장 올바르다. 즉

"곡면이란 각 점이 평면 또는 반평면과 동상인 근방을 갖는 도형이다."

바꿔 말하면

"2차원 다양체가 곡면이다."

근방이 평면 또는 반평면과 동상이라는 것을 간단히 국소 2차원 유클리드적이라고도 한다.

〈그림 76〉은 원기둥의 측면이고 물론 곡면이다. p처럼 평면과 동상인

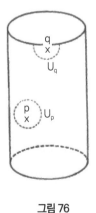

그림 76

근방 U_p를 갖는 점을 내점이라 하고 q처럼 반평면과 동상인 근방 U_q를 갖는 점을 경계라 한다. 경계점의 전체를 경계라 부르지만 경계는 곡선이다. 원기둥 측면의 경계는 2개의 원둘레다.

● 평면과 동상인 곡면

곡면의 정의를 명확히 알려면 평면, 반평면과 동상인 도형을 공부하지 않으면 안 된다.

구면 S^2에서 한 점(예컨대 북극 n)을 제외한 곡면 S^2-n은 평면과 동상이다. 〈그림 77〉처럼 남극 s에서 접하는 평면 R^2을 두고 북극 n에서 구면의 각 점 p를 평면의 점 p'에 사영하면 이 사영은 S^2-n 과 R^2의 동상사상이 된다. 따라서 평면에 한 점을 더하면 구면이 된다고도 생각할 수 있으므

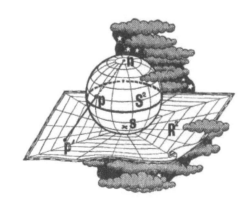

그림 77

로 그 점을 **무한원점**(無限遠點)이라고 부르는 경우가 있다. 평면과 구면과는 위상적으로 매우 닮았다고도 할 수 있다.

앞의 예와 비슷한 예인데 남반구만을 생각해서 지구의 중심 O에서 남반구의 각 점 p를 평면 R^2의 점 p'에 사영하면 남반구면(적도를 제외)과 평면과의 동상사상을 얻는다(그림 78). 이상의 예로 나타낸 것처럼 유계인 곡면과 유계가 아닌 곡면이 동상으로 될 수 있는 경우가 있다. 이것은 곡면의 경우와 마찬가지다.

적도를 제외한 반구면과 원의 내부가 동상인 것은 〈그림 79〉의 A처럼 남극 s에서 접하고 s를 중심으로 해서 구와 같은 반지름의 원판을 그려서 반구면의 각 점 p를 원판의 점 p'에 정사영(正射影)하면 된다. 결국 원의 내부와 평면이 동상이라는 것도 증명된 것이다.

원의 내부와 삼각형의 내부가 동상인 것은 〈그림 79〉의 B처럼 $\dfrac{Op'}{Op}$와 $\dfrac{Oq'}{Oq}$가 똑같게 되도록 삼각형의 내부의 각 점 p에 원의 내부의 p'점을 대응시켜 보면 동상사상을 얻는다. 결론으로서 삼각형의 내부도 평면과 동

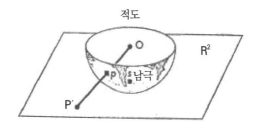

그림 78

124

상이다. 경우에 따라서는 평면과 동상이라는 것보다 원의 내부와 동상이라고 말하는 편이 알기 쉽고 편리하다.

예컨대 4면체의 표면의 임의의 점을 p라고 하면 p가 면의 내점일 때는 원의 내부에서 어떤 근방을 갖고 p가 변의 위에 있는 점일 때는 두 개의 반원형을 합친 근방을 가지며, p가 꼭짓점일 때는 세 개의 부채꼴을 합친

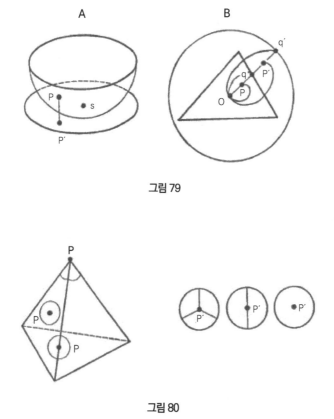

그림 79

그림 80

근방을 갖는다(그림 80). 어차피 원의 내부와 동상인 근방을 갖고 결국 4면체의 표면은 2차원 다양체이다.

• 매끄러운 곡면

토폴로지의 두 개의 세계, 미분토폴로지와 PL토폴로지의 차이는 곡면에서는 훨씬 뚜렷해진다.

미분곡선이란 매끄러운 곡면을 말하는 것으로 각 점은 원의 내부 또는 그 절반(정확하지는 않지만 여기서는 반원형이라 부르기로 한다)과 미분동상인 근방을 갖는 곡면이다. 미분곡면은 각 점에서 접(接)평면을 가지고 있다.

여기에 예거한 〈그림 81〉의 곡면은 모두 2차 곡면인데 어느 것도 미분곡면이다. 콤팩트한 곡면은 타원면뿐이다. 연결이 아닌 것은 물론 2엽쌍곡면뿐이다. 서로 동상은 아니다. 구면과 동상인 것은 타원면, 평면과 동상인 곡면은 포물면이다. 2엽쌍곡면의 각 잎은 평면과 동상이다. 1엽 쌍곡면은 애눌러스(동심원에 둘러싸인 고리)의 내부와 동상이다.

원기둥의 측면도 미분곡면이고 애눌러스(annulus)와 미분동상이다. 경계는 두 개의 원둘레다. 다만 원뿔의 측면은 곡면이지만 미분곡면은 아니다. 왜냐하면 꼭짓점 a의 근방이 매끄럽지 않기 때문이다. 〈그림 83〉과 같은 원뿔을 두 개 연결한 도형은 2차 곡면의 한 종으로 되어 있지만 정확히 말하면 곡면으로 간주할 수 없다. 꼭짓점 a는 평면과 동상인 근방을 갖지 않기 때문이다.

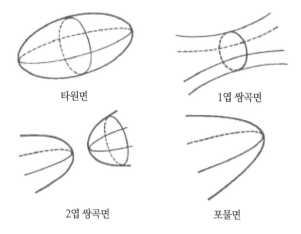

타원면

1엽 쌍곡면

2엽 쌍곡면

포물면

그림 81

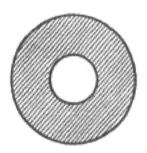

그림 82 | 애뉼러스

콤팩트하고 경계를 갖지 않는 곡면을 닫혀 있다고 말하는데, 구면 이외에서 닫힌곡면의 대표는 트러스이다.

• PL곡면

PL곡면은 상식적으로 생각하면 다면체라는 술어 쪽이 딱 들어맞는다. 그러나 토폴로지의 세계에서 다면체라고 하면 보다 일반적인 도형을 가리키므로 여기서는 굳이 PL곡면을 사용한다.

PL은 이미 언급했지만 피스와이즈 리니어, 즉 구분적 선형의 약어로서 전체적으로 매끄럽지는 않고 모서리를 갖고 있어도 되지만 평탄한 면을 조합해서 만들어지는 곡면이다.

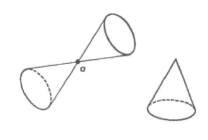

그림 83

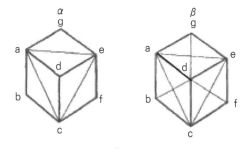

그림 84

몇 개의 삼각형, 변, 꼭짓점을 조합해서 만들어지는 도형을 복체(複體)라고 하고 삼각형, 변, 꼭짓점을 각각 2차원, 1차원, 0차원의 단체(單體)라고 한다. 즉 복체란 단체를 구성요소로 하는 도형이다.

하나의 PL곡면을 복체로 간주하기 위해서는 삼각형 분할(단체 분할)이 필요하다. 여기서는 하나의 예로서 정육면체 표면의 삼각형 분할로 두 종류를 예거해 보았다(그림 84). 삼각형 분할 β는 α를 거듭 분할하고 있기 때문에 β를 α의 세분(細分)이라고 한다. 같은 PL 곡면에서도 삼각형 분할의 방법이 반드시 한 차례라고는 할 수 없다.

일반의 복체에는 PL곡면의 삼각형 분할이 아닌 것도 물론 있다. 복체가 PL 곡면의 삼각형 분할이 되기 위해서는 각 변이 꼭 한 개나 두 개의 삼각형에 실려 있지 않으면 안 된다.

〈그림 85〉처럼 세 개의 삼각형이 한 변을 공유하고 있지 않으면 안 된다. 변이 하나의 삼각형만의 변일 때 그것은 PL곡면의 경계상에 있다. 또 꼭짓점의 근방에서는 삼각형이 사이클릭(cyclic)으로 차례대로 접하는 형

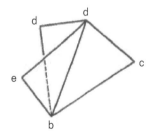

그림 85

태로 배열하고 있는 경우(〈그림 86〉의 1와 〈그림 86〉의 2처럼 사이클릭으로는 되지 않지만 차례로 배열하고 있는 경우도 있다. 〈그림 86〉의 1의 경우 a는 PL곡면의 내점이고 〈그림 86〉의 2의 경우는 경계점이다. 〈그림 86〉의 3처럼 꼭짓점을 가질 때 이 복체는 PL곡면의 삼각형 분할은 아니다. 따라서 a는 평면 또는 반평면과 동상인 근방을 가질 수 없다.

복체의 요소인 삼각형, 변, 꼭짓점의 수는 유한이 아닌 경우도 생각할수 있다. 평면을 삼각형 분할하면 삼각형의 개수는 무한이 된다. 그러나 평면이나 반평면과 같은 특수한 예를 제외하고 이 책에서는 복체 요소의수는 유한의 경우에 한정하는 것으로 한다. 복체의 요소가 유한이라는 것은 PL곡면이 콤팩트하다는 것을 의미한다.

PL곡면의 경계는 몇 개의 닫힌 꺾은선이다. 미분곡면과 마찬가지로 콤팩트하고 경계를 갖지 않는 곡면을 닫혀 있다고 한다.

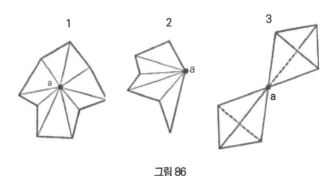

그림 86

• 곡면을 만드는 방법

대장장이가 원기둥의 측면을 만들 때는 직사각형의 생철을 둥글게 말아서 서로 마주보는 두 변을 붙인다. 일반적으로는 단순한 곡면의 경계를 맞붙여서 가지각색의 곡면을 만들 수 있다. 그 맞붙이는 방법이 곡면의 구조를 아는 데 도움이 되는 경우가 적지 않다.

맞붙이기 위해서는 구부리거나 신축시켜야 한다. 곡면도 곡선과 마찬가지로 1대1 연속대응이 붙는 것은 동상으로 간주한다. 그러므로 그 신축(伸縮)이나 변형은 매우 자유롭다. 3차원의 공간에서 맞붙이는 것이 불가능하면 4차원의 공간 속에서 행해도 된다. 상(相)에만 문제를 한정하고 있는 경우에는 곡면이 어떤 공간에 들어가 있는가는 관계없다.

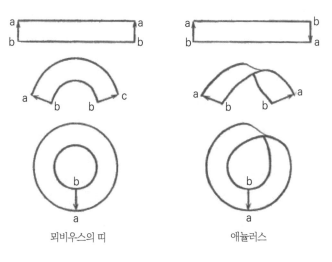

뫼비우스의 띠   애뉼러스

그림 87

원기둥의 측면이 애뉼러스와 동상인 것은 이미 언급했지만 사실 애뉼러스도 직사각형을 〈그림 87〉처럼 맞붙이면 만들 수 있다. 또한 직사각형을 한 번 비틀어서 맞붙이면 뫼비우스의 띠가 된다. 허둥거리며 허리띠를 매고 나중에 뫼비우스의 띠를 매고 있는 것을 알아차린 경험을 가진 사람은 적지 않을 것이다. 그림처럼 화살표에 따라서 맞붙이는 방법을 정해두면 착오 없이 끝난다.

〈그림 88〉처럼 원기둥의 측면을 구부려서 경계를 맞붙이면 트러스를 얻는다. 원기둥의 측면을 구부려서 경계를 역방향으로 맞붙이면 클라인의 항아리가 되지만 3차원 공간에서는 아무리해도 중복점이 생긴다(고차원의 장 참조). 〈그림 88〉은 클라인 항아리의 연속상에 불과하다. 중복되는 부분의 한쪽을 4차원 공간으로 올리면 정확한 클라인의 항아리를 얻는다.

원기둥의 측면 즉 애뉼러스는 직사각형의 서로 마주보는 두 변을 맞붙인 것이므로 트러스는 각각 직사각형의 두 쌍의 평행변을 맞붙이면 되지만 클라인의 항아리는 한 쌍의 두 변을 방향을 거꾸로 해서 맞붙인다.

구면은 원판을 구부려서 경계의 두 개의 반원을 맞붙인 곡면이라고 생각할 수 있다. 원판에서 원둘레 위의 지름 양 끝에 해당하는 각 점을 동일시하면 사영평면을 얻는다(사영평면은 역사의 장에서 자세히 설명한다). 따라서 원판 두 개의 반원둘레를 역방향으로 맞붙인 곡면이 사영평면이다. 사영평면도 3차원 공간에서는 실현될 수 없고 4차원 공간 내에서 생각하지 않으면 안 된다(고차원의 장 참조). 다음으로 사영평면은 뫼비우스의 띠와 원판의 경계를 맞붙여서 만들어지는 곡면이라는 것을 밝혀두자.

여기(餘技) 등에서 잘 할 수 있도록 뫼비우스의 띠를 중심선에서 절단하면 애눌러스를 얻는다. 따라서 애눌러스의 하나의 경계의 두 개 반원둘레를 역방향으로 맞붙인 곡면이 뫼비우스의 띠이다. 그러므로 사영평면

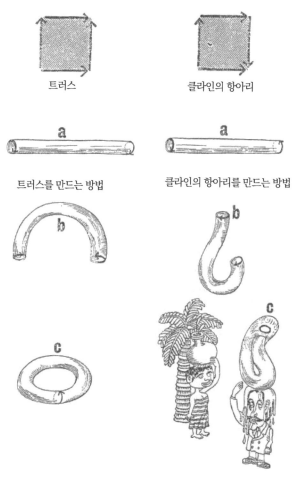

트러스

클라인의 항아리

트러스를 만드는 방법

클라인의 항아리를 만드는 방법

그림 88

에서 원판을 잘라내 보면 나머지의 곡면은 뫼비우스의 띠이다. 역으로 말
하면 원판과 뫼비우스의 띠를 맞붙이면 사영평면이 된다(그림 90).

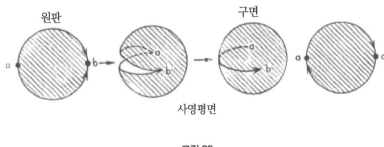

그림 89

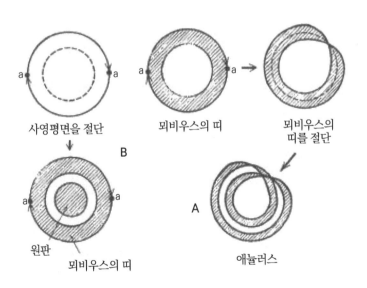

그림 90

• 곡선의 직적으로서의 곡면

평면 R^2에 좌표를 넣어서 각 점 p를 두 개의 실수의 쌍(x, y)으로 나타 낸다. 이것은 두 개의 직선 X와 Y의 직적(直積)이 평면이라는 것을 나타 내고 있다. 두 개의 도형 X와 Y가 있을 때 X의 점 x와 Y의 점 y의 페어 (x, y)의 전체를 X와 Y의 직적이라 말하고 $X \times Y$로 나타낸다.

예컨대 직선과 반직선의 직적은 반평면이고 선분과 선분의 직적은 직

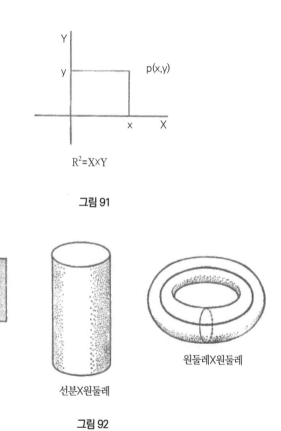

그림 91

선분X선분

선분X원둘레

원둘레X원둘레

그림 92

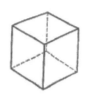

그림 93

사각형, 원둘레와 선분의 직적은 원기둥의 측면, 원둘레와 원둘레의 직적
은 트러스이다(그림 92).

다만 모든 곡면을 곡선과 곡선의 직적으로서 나타낼 수 있는 것은 아
니다. 구면은 2개의 곡선 직적으로는 될 수 없다.

• 오일러의 공식

다면체에서 꼭짓점의 수를 α, 변의 수를 β, 면의 수를 γ라고 했을 때
$\alpha - \beta + \gamma = 2$라는 관계가 성립하는 것은 잘 알려져 있다. 이것을 오일러의
공식이라고 한다. 이 공식은 토폴로지에 관한 최초의 수학적 성과라고 할
수 있다. 그러므로 이 식의 의미를 생각해 보자.

확실히 4면체에서는 4-6+4=2가 되고 또 정육면체에서는 8-12+6=2
로서 이 공식은 성립한다. 그러나 〈그림 93〉과 같은 네 개의 프리즘을 조
립해서 만들어지는 짓궂은 도형으로 시험해보면 12-24+12=0이 되어 오

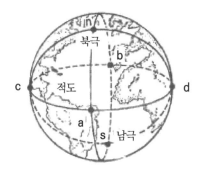

그림 94

일러의 공식이 성립하지 않는다.

여러분도 알아차렸을 것 같은데 상이 같은 도형에서는 $\alpha - \beta + \gamma$는 일정하지만 상이 다르면 오일러의 공식은 성립하지 않는 경우가 있을 수 있다. 따라서 $\alpha - \beta + \gamma$는 일종의 위상불변량이고 곡면의 **오일러의 표수**라 불리며, 곡면이 M일 때 $X(M)$으로 나타낸다.

오일러의 표수는 반드시 PL곡면에만 정의되는 것이라고는 할 수 없다. 예컨대 구면을 적도와 북극, 남극을 지나는 두 개의 큰 원으로 여덟 개의 구면삼각형으로 분할하면 여섯 개의 꼭짓점과 12개의 큰 원의 호가 생기므로 오일러의 공식 6-12+8=2가 성립한다(그림 94).

오일러의 표수는 최초의 예에서 알 수 있는 것처럼 구면과 동상이면 2이다. 트러스와 동상이면 0이다. 삼각형은 꼭짓점이 세 개, 변이 세 개, 면이 한 개이므로 오일러의 표수는 1이다. 그러므로 삼각형 즉 원판과 동상인 곡면의 오일러의 표수는 1이다.

그림 95

삼각기둥 측면의 오일러의 표수는 6-9+3=0이므로 원기둥의 측면 또는 애뉼러스의 오일러의 표수도 0이다. 뫼비우스의 띠는 〈그림 95〉처럼 굽은 삼각형으로 분할해 보면 4-8+4=0이므로 오일러의 표수는 0이다.

클라인의 항아리는 원기둥의 측면을 맞붙여서 만들어지는데, 닫힌곡선을 따라서 맞붙여도 오일러의 표수가 바뀌지 않는 것은 간단히 확인할 수 있으므로 클라인의 항아리의 표수는 원기둥의 측면과 마찬가지로 0이다.

사영평면은 원판과 뫼비우스의 띠를 맞붙여서 만들어지지만 원판과 뫼비우스의 띠의 오일러의 표수가 각각 1과 0이므로 사영평면의 오일러의 표수는 그 합이고 1이다.

● 곡면의 방향

각에는 양의 방향과 음의 방향을 지정할 수 있다. 보통은 시계의 바늘이 진행하는 방향을 음의 방향이라고 한다. 그러나 평면상에 있는 각에는 양·음의 방향을 줄 수 있지만 공간 속에 있는 각의 양·음은 판정할 수 없다. 각의 양·음은 평면의 상과 관련되어 있다.

평면 속에서 크기를 바꾸지 않고 각을 어떻게 운동시켜도 양·음이 교체되는 일은 있을 수 없다. 그러나 공간 속에서는 각의 2등분선을 축으로 하여 180도 회전시키면 방향이 역으로 된다. 곡면 속에서도 마찬가지의 일이 일어날 수 있다. 뫼비우스의 띠 위에서는 각이 띠 위를 한 바퀴 돌면

그림 96 | 뫼비우스의 띠의 불가사의

2개의 방향

그림 97

방향이 교체된다. 뫼비우스의 띠는 방향 부여가 불가능하다. 또 뫼비우스의 띠 위를 기어가는 벌레는 한 바퀴 돌면 안쪽으로 나와 버리기 때문에 표리(表裏)가 없는 곡면이라고도 일컫는다(그림 96).

삼각형에도 두 개의 방향을 부여할 수 있다. 삼각형의 방향은 그 각 변의 방향을 ⟨그림 97⟩처럼 결정한다. 서로 이웃한 두 개의 삼각형 각각에 방향을 붙였을 때 그들의 방향이 결정하는 공통변(共通邊)의 방향이 역으로 된 경우 '두 개의 삼각형의 방향은 동조(同調)이다'라고 말한다.

곡면이 삼각형으로 분할되었을 때 모든 삼각형에 방향을 부여하여 서로 이웃한 삼각형끼리가 동조의 방향을 갖도록 할 수 있는 경우 그 곡면은 방향 부여가 가능해진다.

뫼비우스의 띠를 삼각형 분할해서 각 삼각형에 방향을 부여하면 반드시 동조의 방향을 갖지 않는 서로 이웃한 삼각형이 만들어진다. ⟨그림 98⟩의 B에서는 △ abc 와 △ abd 의 방향이 동조하고 있지 않다. 그 밖의 서로 이웃한 삼각형은 모두 동조의 방향을 갖고 있다. 그러므로 뫼비우스의 띠는 방향 부여 불가능이다.

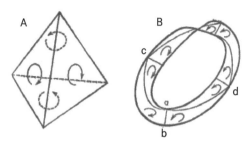

그림 98

사영평면은 원판과 뫼비우스의 띠를 맞붙인 곡면이라는 것을 이미 언급했다. 하지만 곡면이 방향 부여 불가능으로 되기 위한 필요충분조건은 그 곡면이 뫼비우스의 띠를 포함하는 경우다. 따라서 사영평면은 방향 부여 불가능이다.

클라인의 항아리 중앙띠는 뫼비우스의 띠이다. 그러므로 클라인의 항아리도 방향 부여 불가능한 곡면이다(그림 99).

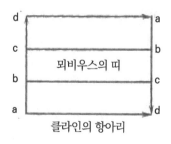

클라인의 항아리

그림 99

• 곡면의 수술

곡면을 상에 따라서 분류하기 위해 곡면의 수술을 필요로 한다. 하나의 곡면이 주어졌을 때 몇 번인가 수술을 행하여 곡면을 차례로 단순화해 가고 수술의 종류와 횟수에 따라서 곡면의 상을 결정한다.

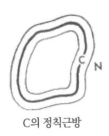

C의 정칙근방

그림 100

곡면 속에 1개의 폐곡선 c를 그리면 그 c의 곡면의 근방으로서 c를 중심선으로 하는 띠를 만들 수 있다. 이것을 c의 정칙(正則)근방이라고 한다(그림 100).

폐곡선의 정칙근방은 애뉼러스나 뫼비우스 띠의 어느 것인가가 된다. 곡면이 방향 부여 가능한 경우는 폐곡선의 정칙근방이 반드시 애뉼러스이지만 곡면이 방향 부여 불가능인 경우는 애뉼러스가 되는 경우와 뫼비우스의 띠가 되는 두 가지 경우를 생각할 수 있다.

• 제1종의 수술

이 수술은 핸들을 제거하는 수술이라고도 불린다. 애뉼러스를 제거하고 그 대신에 2개의 원판을 붙이는 조작이다. 애뉼러스를 제거해도 나머지 곡면이 연결인 경우에 한해서 이 수술을 행한다. 〈그림 101〉처럼 트러

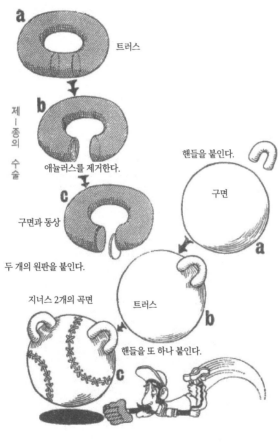

그림 101

스에 제1종의 수술을 행하면 구면과 동상인 곡면을 얻는다. 애뉼러스는 원기둥의 축면과 동상이므로 핸들이라 생각해도 된다.

제1종 수술의 역의 조작은 핸들을 붙이는 수술이다. 구면에 핸들을 붙이면 트러스와 동상인 곡면이 되고 트러스에 핸들을 붙이면 〈그림 101〉과 같은 곡면이 된다. 핸들의 수를 그 곡면의 지너스(genus, 종수)라고 하고 곡면의 분류에는 없어선 안 되는 수이다. 구면의 지너스는 0이고 트러스의 지너스는 1이다. 일반적으로 연결이고 방향 부여 가능한 폐곡면은 지너스로 분류할 수 있다.

• 제2종의 수술

제2종의 수술은 뫼비우스의 띠를 제거하는 수술이라고도 한다. 방향 부여 불가능한 곡면에서의 수술이다. 뫼비우스의 띠를 제거하면 그 절단면은 하나의 폐곡선이 되는데, 거기에 원판을 붙이는 조작이 제2종의 수술이다. 클라인의 항아리의 중앙띠는 뫼비우스의 띠인데 나머지 곡면도

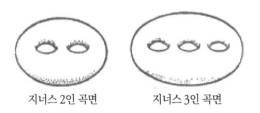

지너스 2인 곡면   지너스 3인 곡면

그림 102

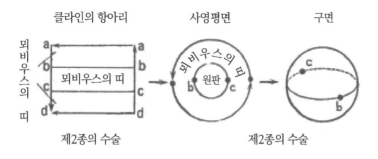

그림 103

뫼비우스의 띠이다. 한쪽의 뫼비우스의 띠를 원판과 교환하면 사영평면이 되고 또 한쪽의 뫼비우스의 띠를 다시 원판과 교환하면 원판은 반구면과 동상이므로 구면이 된다(〈그림 103〉 참조).

일반적으로 방향 부여 불가능한 연결폐곡면은 구면에서 몇 개의 원판을 제거해서 거기에 같은 수의 뫼바우스의 띠를 붙인 곡면과 동상이다.

● **곡면의 분류**

여기서는 연결인 폐곡면만을 취급한다. 곡면의 분류는 상에 따르는 것으로 동상인 것을 동류라 간주하고 어떠한 종류가 있는지를 검토한다. 이 분류를 출발점으로 하여 다음의 정리를 증명 없이 인정받자.

"폐곡면 M에서 M의 임의의 폐곡선 C가 M을 2분하면 M은 구면과 동상이다."

• 방향 부여가 가능한 경우

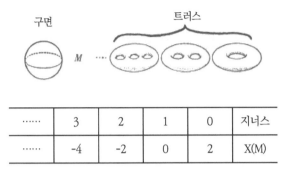

구면   트러스

......	3	2	1	0	지너스
......	-4	-2	0	2	X(M)

그림 104

방향 부여 가능한 연결폐곡면 M이 M을 2분하지 않는 폐곡선 C를 포함할 때는 C의 정칙근방을 제거하고 두 개의 원판을 맞붙이는 제1종의 수술로 새로운 곡면 M_1를 얻는다. 하지만 정칙근방, 즉 애뉼러스의 오일러의 표수는 0이고 원판의 표수는 1이므로

$$X(M) = X(M_1) - 2$$

라는 관계식이 성립한다. 반면 M_1이 폐곡선이고 2분되지 않을 때는 다시 제1종의 수술로 곡면 M_2를 얻는다. 이하 마찬가지로 제1종의 수술을 반복하여 q회째에 얻은 곡면 M_q는 임의의 폐곡선에 의하여 2분되었다고 한다. 최초에 예거한 정리로부터 M_q는 구면이다. 오일러의 표수는

$$X(M) = X(Mq) - 2q$$

를 만족하지만 구면의 오일러의 표수는 2이므로 $X(M)$은 $2 - 2q$이다. q는 핸들의 수에 상당함으로 당연히 M의 지너스이다. 핸들의 수 q가 일치하

는 곡면은 동상이라는 것과 동상인 곡면은 오일러의 표수가 일치한다는 것으로 다음의 정리를 얻는다.

"방향 부여 가능한 연결폐곡면 M은 오일러의 표수로 분류할 수 있다." 바꿔 말하면 "M은 오일러의 표수가 다르면 상이 다르고 표수가 똑같으면 동상이다." 물론 이것은 지너스로 분류할 수 있다고 해도 마찬가지다.

• 방향 부여가 불가능한 경우

트러스에서 원판을 제거하고 거기에 뫼비우스의 띠를 붙인 곡면을 M이라 한다. M은 〈그림 105〉처럼 트러스에서 원판을 제거한 곡면에서 경계의 원둘레 두 개의 반원을 역방향으로 붙여서도 만들 수 있다.

M에서 그림과 같은 뫼비우스의 띠를 제거하고 원판을 붙인 곡면이 클라인의 항아리라는 것을 밝히자.

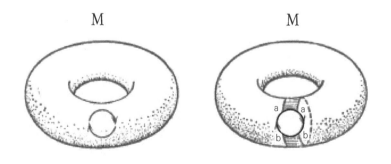

그림 105

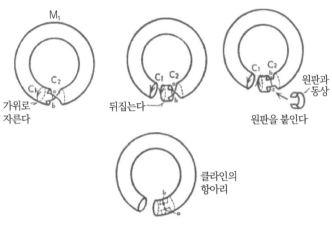

그림 106

M에서 뫼비우스의 띠를 제거한 곡면 M_1은 〈그림 106〉처럼 호 ab를 붙이면 3차원 유클리드공간에 실현할 수 있다. M_1의 곡선 C_1을 따라서 가위로 자른다. 이어서 호 ab와 C_1에 둘러싸인 애뉼러스를 뒤집는다. 곡선 C_2를 따라서 원판과 동상인 도형을 붙인다. 마지막으로 다시 맞붙이면 클라인의 항아리를 얻는다.

클라인의 항아리에서 뫼비우스의 띠를 두 개 제거하고 그 대신에 두 개의 원판을 붙이면 구면으로 되는 것을 알고 있다. 따라서 M의 세 개의 뫼비우스의 띠를 세 개의 원판과 교환함으로써 구면으로 되는 것이 판명되었다.

지너스가 q인 방향 부여 가능한 곡면에서 한 개의 원판을 제거하고 뫼비우스의 띠를 붙인 곡면을 N이라 하면 M의 경우와 마찬가지로 N에는

$2q+1$개의 뫼비우스의 띠가 존재하고 그것들을 모두 원판과 교환하면 구면이 된다. 결국 N은 $2q+1$회의 제2종의 수술로 구면이 된다.

M_0을 방향 부여 불가능한 연결폐곡면이라 한다. M_0에 제2종의 수술을 행하고 만들어진 곡면을 M_1이라 한다. 또 M_1이 방향 부여 불가능할 때는 다시 제2종의 수술을 반복해서 r회의 수술 후에 비로소 방향 부여 가능한 곡면 M_r을 얻었다고 한다. M_r의 지너스를 q라고 가정하면 M_{r-1}은 M_r의 하나의 원판을 뫼비우스의 띠로 교환한 곡면이므로 $2q+1$ 외의 제2종의 수술로 구면이 된다. 결국 M은 $r+2q$회의 제2종의 수술로 구면이 된다.

$p=r+2q$라고 한다. 뫼비우스의 띠의 오일러의 표수는 0, 원판은 1이므로 제2종의 수술을 할 때마다 오일러의 표수는 1만큼 올라간다. 구면의 오일러의 표수는 2이므로 M_0의 오일러의 표수는 $X(M_0)=2-p$이다.

수술의 횟수가 똑같으면 두 개의 곡면이 동상이 되는 것은 분명하고 동상인 곡면은 오일러의 표수가 일치하므로 "방향 부여 불가능한 연결인 폐곡면은 오일러의 표수에 따라 분류할 수 있다"라고 할 수 있다.

마지막으로 경계를 갖는 곡면(콤팩트하고 연결인 경우)도 언급하면 경계는 몇 개의 폐곡선이므로 거기에 동수의 원판을 붙이면 폐곡면이 된다.

그러므로 "콤팩트하고 연결인 곡면은 경계의 폐곡선의 수, 방향 부여 가능 또는 불가능한가, 오일러의 수가 판명되면 그 상을 결정할 수 있다."

• 곡면의 위(位)

앞 절에서 곡면의 상에 관해서는 일단의 결론이 나왔다. 곡선의 경우
와 마찬가지로 두 개의 곡면이 어떤 공간에 들어가 있는 경우에는 상은
같아도 위(位)가 달라지는 일이 있을 수 있다. 〈그림 107〉의 곡면은 트러
스와 동상이지만 보통의 트러스와는 위가 다르다.

3차원 유클리드공간 R^3 내의 곡면의 위에 관한 중요한 대표적 정리를
예거하면 조르당의 정리 "3차원 유클리드공간 R^3 내의 연결폐곡면은 R^3
을 두 개의 영역으로 나눈다"를 들 수 있다. 두 개의 영역은 공히 연결이
고 한쪽은 유계(有界), 다른 한쪽은 유계는 아니다. 유계인 영역을 내부, 유
계가 아닌 영역을 외부라고 한다. "3차원 유클리드 공간 R^3 내의 폐곡면
은 방향 부여가 가능하다." 따라서 "방향 부여 불가능한 폐곡면은 3차원
유클리드공간 R^3 에서는 실재하지 않는다." 그러므로 뫼비우스의 띠는 귀
중한 존재이다. 그리고 $x^2 + y^2 + z^2 = 1$ 로 나타낼 수 있는 곡면을 단위구
면이라고 한다.

쉔프리스의 정리 "단위구면에서 3차원 유클리드공간 R^3 의 곡면에의

그림 107 | 노트한 트러스

미분동상사상 f(또는 PL동상사상)는 R^3 전체의 동상사상으로 확장할 수 있다"를 평면의 쉔프리스의 정리와 비교하기 바란다.

구면과 단순히 동상으로는 이 정리는 성립하지 않는다. 그 예는 다음의 절에서 언급하지만 곡면은 매끄럽든가 확실한 삼각형으로 분할되어 있지 않으면 안 된다. 이 정리는 미국인이자 토폴로지의 대선배인 알렉산더에 의해서 예술적인 증명이 주어져 있다.

쉔프리스의 정리는 다음과 같이 바꿔 말할 수도 있다.

"단위구면과 미분동상 또는 PL 동상인 3차원 유클리드공간 R^3 의 곡면은 아이소토픽한 운동으로 단위구면에 겹칠 수 있다."

따라서 그러한 두 개의 곡면은 동위이다. 이 절의 첫 그림에서 나타낸 것처럼 트러스와 미분동상인 곡면에서 보통의 트러스와 동위가 아닌 것이 존재한다. 그러므로 구면과 그 밖의 곡면 사이에서는 위에 관해서 결정적인 차이가 있다.

• 뿔이 난 구면

다시 병적인 도형의 등장이다. 쉔프리스의 정리에 따라서 3차원 유클리드공간 R^3 내의 구면과 동상인 매끄러운 곡면이나 PL곡면은 모두 동위이다. 그러나 일반 토폴로지의 입장에 서면 쉔프리스의 정리가 성립하지 않는 경우가 생긴다.

알렉산더가 고안한 알렉산더의 각구(角球)라고 불리는 뿔이 난 구면이
그 예다. 그것을 만드는 방법은 구면에서 뿔이 두 개 나고 그 끝이 가지가
갈라져서 네 개의 가지뿔이 되고 그 가지의 각각의 끝이 갈라져서 여덟
개의 가지뿔이 된다. 이 조작을 무한으로 반복하지만 그 가지뿔이 교묘하

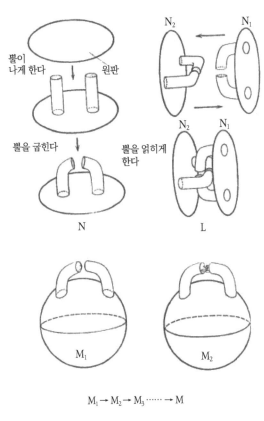

$$M_1 \rightarrow M_2 \rightarrow M_3 \cdots\cdots \rightarrow M$$

그림 108

게 얽히면 극한의 곡면 M은 역시 구면과 동상이 된다. 그러나 구면과 동위되지는 않는다.

이야기를 진행하자. 〈그림 108〉을 보기 바란다. N은 원판에 두 개의 뿔이 난 곡면인데 원판과 동상이다. L은 N과 닮은꼴의 관계에 있는 뿔이 난 원판 두 개 N_1과 N_2를 마주보게 하여 네 개의 뿔을 얽히게 한 곡면이다. M_1은 N과 마찬가지로 구면에서 두 개의 뿔이 쑥 내밀게 한 곡면이고 구면과 동상이다.

M_2는 M_1의 두 개의 뿔 끝에 있는 두 개의 원판을 L과 닮은꼴의 관계에 있는 곡면으로 바꿔 놓은 곡면이다. M_2도 구면과 동상인 곡면이고 두 쌍의 가지뿔을 합계 네 개 갖는다.

M_3은 M_2의 각각 쌍 가지뿔의 끝을 재차 L과 닮은꼴의 관계에 있는 곡면으로 바꿔 놓는다. M_3도 구면과 동상이고 네 쌍의 가지뿔, 결국 여덟 개의 작은 뿔을 갖는 것이다. 이 뿔의 가지갈림을 무한으로 반복한 극한의 곡면 M이 뿔이 난 곡면이다.

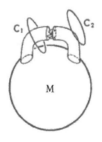

그림 109

먼저 문제가 되는 것은 M이 구면과 동상인가라는 것이다. 최초에 이 조작이 수렴하는 이유를 언급한다. M_n은 2^n개의 뿔을 갖지만 그것들의 뿔의 크기를 M_{n-1}의 뿔 크기 절반 이하로 해주면 조작은 수렴하고 M은 구면의 연속상이 된다. 다음으로 M이 중복점을 갖지 않음을 밝힐 필요가 있다.

L의 한 쌍의 뿔과 그 밖의 한 쌍의 뿔 사이에는 일정한 거리가 존재하는 것에 주목하기 바란다. 한 쌍의 뿔에서 가지갈림한 부분과 그 밖의 한 쌍의 뿔에서 가지갈림한 부분 사이에도 항상 그 거리가 유지된다. 따라서 극한에 이르러서도 뿔끼리 교차하는 일은 없다. 뿔에 속하지 않는 점이

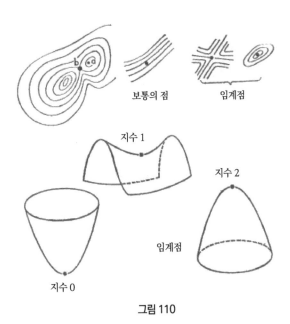

보통의 점   임계점

지수 1

지수 2

지수 0   임계점

그림 110

중복점이 되는 것은 물론 있을 수 없다. 그러므로 M은 구면의 1대1의 연속상이고 구면은 콤팩트하므로 M은 구면과 동상이다.

그러면 M이 보통의 구면과 동위가 아님을 설명하자.

〈그림 109〉와 같은 원둘레 C_1은 호모토픽한 운동에 의해서 C_2로 이동시키면 이동 도중에 반드시 M과 교차한다. 한편 구면의 외측에 있는 임의의 두 개의 폐곡선은 구면과 교차하지 않고 호모토픽한 운동으로 한쪽에서 다른 쪽으로 이동할 수 있다. 따라서 M의 외측과 구면의 외측은 동상은 아니고 결국 M과 보통의 구면은 3차원 유클리드공간 R^3 내의 위가 다르다.

• 곡면의 임계점

등고선이 들어가 있는 지도를 잘 관찰하면 보통 점의 근방은 평행인 선이 배열되어 있다. 그 밖에 a점과 같은 정상(頂上) 또는 분지(盆地)의 중심에 해당하는 점과 b점과 같은 안부(鞍部, 산등성이의 오목한 곳)가 있다. 이러한 점을 임계점(臨界點)이라고 한다. 임계점은 세 종류로 분류된다. 극소점(분지의 최저점)을 지수 0의 임계점, 안부를 지수 1의 임계점, 극대점(정상)을 지수 2의 임계점이라고 한다(그림 110).

3차원 유클리드공간 R^3 내의 곡면도 마찬가지로 임계점을 정의할 수 있다. 각 점의 세 번째의 좌표 z를 그 점의 높이라고 풀이하면 된다. 임계점의 세트(set)가 곡면의 위와 상에 깊은 관계가 있다는 것을 밝힌 것이 모스의 이론이다.

모스는 미국 토폴로지 선구자의 한 사람이고 필자가 프린스턴 고급 연구소의 연구원이었던 당시 연구소에서 걸어 10분 정도의 곳에 살고 있었다. 언뜻 보기에도 호감을 가질 수 있는 호호야[好好爺(옮긴이: 마음씨 좋은 할아버지)]라는 느낌으로, 젊은 우리를 친절히 지도해 주었다.

그런데 〈그림 111〉의 A와 B의 곡면은 동상이지만 동위는 아니다. A처럼 지수 0과 2의 임계점이 한 개씩, 지수 1의 임계점이 두 개 있는 폐곡면은 모두 동상, 동위임을 간단히 증명할 수 있다. 그러한 곡면은 보통의 트러스와 동상, 동위가 된다. 〈그림 111〉의 A나 B처럼 지수 0과 2의 임계점의 수와 지수 1의 임계점의 수가 똑같은 폐곡선은 모두 트러스와 동상이다. 또 보통의 트러스와 동상이지만 동위가 아닌 폐곡면의 임계점의 총

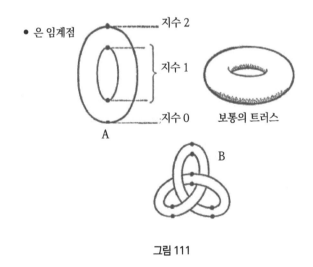

그림 111

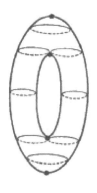

그림 112

수는 4보다 커진다.

지수 0과 2의 임계점을 한 개씩 지수 1의 임계점을 두 개 갖는 폐곡면을 각 평면에 평행인 평면으로 아래에서부터 둥글게 썰어 가면 이 곡면의 등고선이 낮은 위치부터 차례로 나타난다. 먼저 지수 0인 임계점이 최초로 나타나고 폐곡선이 되며, 지수 1의 임계점에서 8의 글자가 되고 잇달아서 2개의 폐곡선이 되며, 다시 지수 1의 임계점에서 8의 글자로 변화하고 잇달아 폐곡선이 되며, 지수 2의 임계점에서 소멸된다(그림 112). 이상의 등고선 변화의 모양으로 그 폐곡면은 보통의 트러스와 동상, 동위라는 것을 증명할 수 있다.

모스 이론의 출발점이 되는 모스의 정리를 3차원 유클리드공간 R^3 내의 폐곡면 M을 모델로 밝혀보자. M의 지수 0, 1, 2의 임계점의 개수를 각각 α, β, γ 라고 하면 모스의 정리는 "$\alpha - \beta + \gamma = X(M)$"이 된다.

이 정리를 보고 오일러의 공식을 연상하지 않는 사람은 적지 않을 것이다. 연상은커녕 이 두 개는 식으로서 완전히 일치한다. 단순히 표현이 일치하는 것뿐만 아니고 내용적으로도 같다.

"모스의 정리의 증명" 지수 0과 2의 임계점의 정칙(正則) 근방은 원판과 동상이고 지수 1의 임계점을 지나는 등고선 8의 글자 정칙 근방은 원판에서 내부에 있는 두 개의 원판을 제거한 도형과 동상이다. 나머지는 모두 애뉼러스이다. 원판의 오일러의 표수는 1이다. 따라서 8의 글자 정칙 근방의 오일러의 표수는 -1이다. 애뉼러스의 오일러의 표수는 0이다. 이 표수의 총합이 M의 오일러의 표수 $X(M)$이므로 $\alpha - \beta + \gamma = X(M)$을 얻는다.

방향 부여 가능한 연결인 폐곡면을 오일러의 표수로 분류할 수 있다는

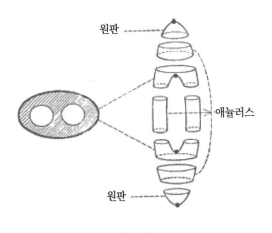

그림 113

것은 이미 언급했다. 또 3차원 유클리드공간 R^3 내의 폐곡면이 방향 부
여 가능하다는 것도 알고 있다. 따라서 R^3 내의 폐곡면은 임계점의 수에
따라서 분류할 수 있다. 물론 이것은 상에 의한 분류다. 임계점의 분포 상
태에 따라 곡면의 위(位)를 고찰할 수 있지만, 이것은 상당히 기교적인 문
제이고 이 책의 정도를 넘게 되는 것처럼 생각되므로 언급하지 않기로 한
다. 그런 난해한 문제보다도 곡면의 장에서 배운 곡면의 분류를 기초로
하여 여러 가지 기하학에서의 평면이나 직선의 상을 결정해서 그들 기하
학의 구조를 아는 것을 시도하는 편이 토폴로지를 공부함에 있어서는 유
익할 것이다. 다음 장에서는 약간 취지를 바꿔서 기하의 역사와 곡면의
상과의 관련성을 공부해 보자.

4
역사의 장

• 기하의 성장과정

이 장에서는 토폴로지의 역사를 언급하지는 않을 것이다. 학문으로서의 토폴로지 역사는 1세기도 되지 않는다. 토폴로지는 완전히 현대의 학문이고 아직 역사를 운운할 만큼 성장하지 않았다. 그러나 유클리드(기원전 300년경)의 원론 이래 기하의 역사 속에 항상 토폴로지의 사상이 저변의 흐름으로서 생명을 유지해 왔다. 예컨대 각의 양·음, 다각형의 내·외 등도 엄밀히 논하면 자연히 토폴로지의 영역으로 들어간다.

유클리드 원론의 첫머리에 있는 정의는 근대의 공리주의적 수학의 세계로부터 그 논리적 애매성 때문에 정정되고 있다. 그러나 직관적 토폴로지의 세계로부터는 재인식되어도 좋다. 예컨대 원론 정의의 6번째인 "면의 끝은 선이다"와 곡면의 장에서 언급한 "곡면의 경계는 곡선이다"라는 정리는 동일한 사상 위에 서 있는 직관적 토폴로지 세계의 말이다. 한편 공리계로부터 출발해서 논리적으로 한 치의 빈틈도 보이지 않고 체계를 만들어내는 것이 공리주의 수학의 정통적 방법이다.

우리는 비유클리드기하, 사영기하 등에 나타나는 도형, 직선, 평면 등의 상을 밝히자. 이 중에는 유클리드기하의 경우와 동상인 것도 동상이 아닌 것도 있다.

여러 가지 기하에서의 중요한 도형의 상을 직관적으로 봄으로써 그들 기하의 차이점을 아는 것은, 초심자가 기하학의 성장과정과 개관(概觀)을 알기 위한 유력한 방법이다.

이집트에서 토지의 측량에 사용된 기술이 추상화되어 학문으로서의 체계를 정비한 것은 그리스이다. 그 당시에는 기하가 수학의 전부이고 기하학이 철학과 함께 학문의 핵심이었다. 그러나 기하가 학문의 세계에서 차지하는 비중은 역사와 함께 감소되고 있는 것처럼 보인다. 필자도 기하를 지향하는 한 사람으로서 서운하게 생각한다.

그러한 이야기는 차치하고, 아라비아의 대수학의 영향은 데카르트(1596~1650)에 의한 좌표의 도입 등으로 대표된다. 기하의 수량화, 힐베르트의 기하학 기초론에서 보는 공리주의적 경향 등은 학문으로서의 기하의 엄밀성을 증가시켰으나 유클리드 이래 기하의 특징인 직관을 소중히 여기는 사고방식이 점차 사라졌다.

일류의 기하학자라고 불리는 사람들은 모두 예리한 직관력과 강한 논리적 구성력의 양면을 갖추고 있었으나 문자나 식으로 그 성과를 표현하기 때문에 뒤에 배우는 사람은 그 논리적인 면만을 습득하는 경향이 있다.

그리스의 기하학을 대표하는 것이 기하원본에 실려 있는 유클리드의 원론이다. 이 원론은 2천 년 가까운 기간 동안 논리적 체계의 본보기가 되었다. 예컨대 뉴턴역학의 사고방식, 그 표현방법에서는 다분히 원론의 영향을 인지할 수 있다. 뉴턴역학에서 만유인력의 법칙은 바로 유클리드 원론의 공리, 공준에 상당한다.

원론 중 직관적으로 분명하다고 되어 있는 부분에서 반드시 자명하지는 않은 분야가 존재하는 것이 문제가 되었다. 그것이 비유클리드 기하를 낳고 힐베르트의 기하학 기초론으로 유클리드기하의 반성이 행해지는 원인이 됐다.

그 직접적인 원인인 평행선의 공준을 둘러싼 역사는 너무나도 유명하다. 5개의 공준 중에서 문제가 되는 것은 제5(평행선)의 공준만은 아니다. 제2의 공준 "직선은 무한으로 연장할 수 있다"에도 반성이 필요하다. 사실 사영기하나 비유클리드기하의 하나인 리만기하에서는 직선은 무한으로 연장하지 못하고 닫혀 버린다. 이런 기하에서 직선은 원둘레와 동상이고 평면은 폐곡면이다.

아인슈타인의 상대성 원리가 옳다고 하면 우리가 살고 있는 세계도 닫

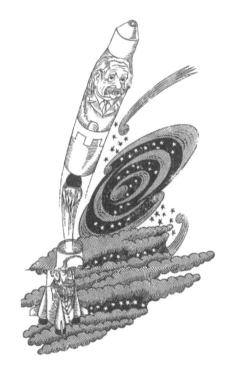

리만기하의 응용은 상대성 이론이라는 빛나는 성과를 낳았다

혀 있고 어느 한 점에서 출발한 광선은 결국 원래의 출발점으로 되돌아온 다고 한다. 이것은 리만기하의 세계이지만 우리가 살고 있는 우주는 너무 나도 지나치게 커서 실제로 광선이 닫혀 있는지 어떤지를 확인할 방법은 없다. 상대성 원리가 탄생하기 이전에 이미 리만기하가 준비되어 있었던 것도 뉴턴역학과 유클리드 원론의 경우와 마찬가지이고 흥미로운 역사의 한 단면이다.

• 사영기하

역사적으로 보면 사영기하는, 유클리드기하는 물론 비유클리드기하 의 발견보다도 새롭다. 뒤에서 언급하는 것처럼 사영기하의 입장에서 보 면 이 고전기하를 총괄할 수 있으므로 먼저 사영기하부터 시작한다.

사영기하는 유클리드기하와 그렇게 다르지 않다. 유클리드기하 속에 있는 불균형한 부분을 제거하여 널리 자유로운 공리계를 갖도록 고쳤다. 그러나 논리적으로 깔끔하게 했기 때문에 유클리드기하 고유의 계량적 관계 일부는 상실되고 있다. 고친 부분의 중심이 다음의 공리다.

"평면 내의 두 직선은 반드시 한 점에서 교차한다."

따라서 평행선은 존재하지 않는다. 사영기하에의 접근은 공리론적 방 법과 좌표를 사용하는 방법이 정통이지만 여기서는 우리와 가장 친밀한 유

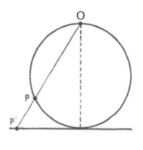

그림 114

클리드기하를 토대로 평행선이 교차하도록 고친다. 우리는 직선과 열린 선분은 동상이라는 것을 알고 있다. 또 〈그림 114〉처럼 원둘레상의 한 점에서 접하는 직선에서, 접점의 반대 측의 원둘레상의 점 O에서 사영하면, 원둘레로부터 한 점 O를 제외한 도형은 직선과 동상이라는 것을 알 수 있다.

사영기하의 직선은 유클리드기하의 직선에 무한원(無限遠)의 점을 더해서 만들어지는 닫힌곡선이다. 유클리드의 평면에서 평행선은 사영평면에서는 무한원의 점에서 교차한다. 하나의 직선에 평행인 직선은 모두 같은 무한원의 점에서 교차한다.

평행이 아닌 두 직선은 유클리드의 평면에서 교차하고 있으므로 무한원의 점에서 교차하는 경우는 없다. 무한원의 점에서 교차하는 것은 평행선뿐이다. 2차원 유클리드평면 R^2의 원점(原點)을 지나는 직선 하나에 무한원점을 하나씩 더해주면 모든 무한원점이 소진된다. 왜냐하면 R^2의 임의의 직선은 반드시 원점을 지나는 직선과 평행이기 때문이다.

사영평면 P^2은 2차원 유클리드평면 R^2에 원점을 지나는 각 직선에

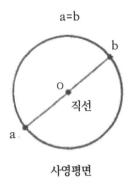

a=b

b

o

직선

a

사영평면

그림 115

무한원의 점을 하나씩 더해서 만들어지는 곡면이다. R^2과 원의 내부는 동상이라는 것을 앞의 장에서 증명했는데, 그 동상사상은 R^2의 원점을 지나는 직선을 원의 지름(양끝을 제외)에 사상한다.

P^2은 원의 내부에 무한원의 점을 더하면 되지만 원의 지름에 한 개의 무한원점이 대응하므로 지름의 양끝을 동일시해서 만들어지는 폐곡선은 P^2의 직선이다. 결국 앞의 장에서 언급한 것처럼 원판의 각 지름의 양끝을 동일시하여 만들어지는 연결이고 방향 부여 불가능한 폐곡면이 사영평면과 동상이다. 이때 오일러의 표수는 1이다(그림 115).

• 무한원 직선

무한원점의 집합이 무한원직선 C_∞이다. 사영평면 P^2 속의 직선으로서는 그 밖의 직선과 차이는 없으나 2차원 유클리드평면 R^2 을 토대로 P^2 을 설명하려고 하면 무한원직선이 특수한 의미를 가져온다.

사영평면에 좌표를 넣어서 해석적인 방법으로 P^2 이 R^2 과 C_∞ 의 합병집합이 되는 것을 밝힌다. P_2 의 점은 세 개의 좌표 x, y, z 에 의해서 결정된다. 다만 $x = y = z = 0$ 의 경우는 점으로 간주하지 않고 3개의 좌표 사이의 비가

$$x : y : z = x' : y' : z'$$

가 될 때 (x, y, z) 와 (x', y', z') 는 동일한 점을 나타내는 것으로 생각한다. 제(齊)1차방정식

$$ax + by + cz = 0$$

가 직선을 나타낸다. 세 개의 계수 a, b, c 로 직선이 결정되므로 $[a, b, c]$ 가 직선을 나타낸다. 물론 $a = b = c = 0$ 인 경우는 제외되지 않으면 안 되고

$$a : b : c = a' : b' : c'$$

이면 $[a, b, c]$ 와 $[a', b', c']$ 는 동일한 직선을 나타낸다.

여기까지 언급하면 이미 알아차린 현명한 독자도 적지 않다고 생각하는데, 직관적으로는 완전히 이질적인 점과 직선의 각각이 세 개의 실수로 표시되고 해석적으로는 완전히 대등한 입장에서 단순히 기호로서의 형태가 다를 뿐이다. 양자의 결합관계, 즉 직선 $[a, b, c]$ 가 점 (x, y, z) 를 지난다

는 것은 1차방정식

$$ax + by + cz = 0$$

으로 표시되지만 이 관계도 $[a, b, c]$와 (x, y, z)는 전적으로 대칭인 입장에 있다. 이 점과 직선의 대등성 또는 대칭성을 쌍대성(雙對性)이라고 하고 사영기하의 논리체계의 아름다움 중 하나이다.

그래서 세 번째의 좌표 z가 O의 점이 무한원점이라고 생각한다. 그렇게 하면 1차방정식 $z = 0$가 무한원직선 C_∞를 나타내고 $C_\infty = [0, 0, 1]$이다. 한편 C_∞에 실려 있지 않은 점은 3번째의 좌표 z가 0이 아니라는 것과 세 개의 좌표의 연비(連比)가 일치하면 동일한 점을 나타내는 것으로부터 $(x, y, 1)$이라 적으면 x, y가 점에 의해서 일의적으로 결정된다. 결국 C_∞에 실려 있지 않은 P^2의 점과 두 개의 실수의 조(x, y)가 1대1의 대응을 하는 것을 알았다. (x, y)는 2차원 유클리드평면 R^2의 점을 나타낸다고 생각해도 되므로 R^2에 C_∞를 더하면 P^2이 되는 것을 이해했을 것이다.

재차 강조해 둘 필요가 있다고 생각하는데 무한원직선 C_∞는 P^2에서는 보통의 직선이다. 그것은 방정식 $z = 0$은 일반의 직선 $ax + by + cz = 0$과 각별히 구별되는 이유를 갖지 않는 것은 유클리드 평면에서 x축 $y = 0$가 일반의 직선 $ax + by = c$와 비교해서 별로 특수한 입장에 있는 것이 아니라 간혹 좌표축을 그 직선으로 선정한 우연의 결과라는 것과 같다.

나중에 비유클리드기하 설명에 필요하므로 사영평면의 2차 곡선의 정의를 언급한다. 2차곡선은 제(齊)2차방정식

$$ax^2 + by^2 + cz^2 + 2hxy + 2fyz + 2gzx = 0$$

이 나타내는 폐곡선이다. 여기서도 사영기하의 논리체계의 아름다움이 뚜렷하고 유클리드기하의 2차곡선

$$ax^2 + by^2 + 2hxy + 2fx + 2gy = d$$

에는 타원, 포물선, 쌍곡선의 상이 다른 세 종류가 있는데 사영기하의 2차곡선(두 개의 직선으로 분해되는 경우를 제외한다)은 모두 동상이다.

유클리드 평면 P^2에서 바로 보면 무한원직선 C_∞와 교차하지 않는 P^2의 2차곡선이 R^2의 타원이고 C_∞와 접하고 있는 것이 포물선, C_∞와 두 점에서 교차하는 것이 쌍곡선이다. 타원이 폐곡선이고 포물선이 직선과 동상, 쌍곡선이 두 개의 직선과 동상인 것도 P^2에서 보면 직관적으로 명백하다(그림 116).

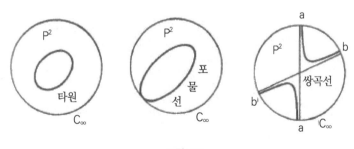

그림 116

• 로바체프스키의 기하

　유클리드 원론의 제5공준만큼 오랜 세월에 걸쳐서 다수의 수학자의 두뇌를 지배한 문제는 없다. 이 공준은 평행선의 공준이라고도 불린다. 그 밖의 공준에 비해서 복잡한 형태를 하고 있다. 그래서 후세의 사람들은 평행선의 공준은 그 밖의 공준에서 유도할 수 있는 것은 아니라고 생각했다. 즉 공준은 아니고 단순한 정리일 것이라고 생각하여 평행선의 공준을 증명하려고 여러 가지 시도를 했다. 그 결과 수학의 역사에 많은 희비극이 생겼는데, 결론이 분명히 나온 것은 2천년 이상 지나서였다.

　하나의 결론은 러시아의 로바체프스키(1793~1856)와 헝가리의 볼리아이(1802~1860)가 제출했다.

　비유클리드기하의 발견은 이 두 사람의 공적이라는 것은 틀림없다. 그러나 그 그늘에 숨어 있는 많은 사람의 노력을 잊어서는 안 된다. 로바체

로바체프스키

프스키기하 등이라고 하면 로바체프스키 한 사람이 완성한 것처럼 보이지만 이미 비유클리드기하가 탄생해야 할 때가 와 있었던 것이다. 로바체프스키 또는 볼리아이가 없어도 비유클리드기하의 싹이 반드시 트여 있었다고 생각한다.

두 사람은 평행선의 공준을 부정하면 별개의 기하학이 성립하는 것을 밝혔다. 이것이 비유클리드기하학이다. 평행선의 공준을 부정하고 전혀 별개의 공준을 가정해도 유클리드 원론의 그 밖의 공준과 모순되지 않음이 증명되었다. 따라서 그 밖의 공준에서 평행선의 공준은 유도할 수 없다.

평행선의 공준은 앞에서도 언급한 것처럼 형태가 복잡하므로 그것과 동등하거나 더 간단한 형태로 하면

"평면 내의 한 직선과 한 점이 주어지면 그 점을 지나고 그 직선과 교차하지 않는 평면 내의 직선은 오직 하나 있다."

그 직선은 물론 평행선이라 불린다. "한 직선 밖의 한 점을 지나는 그 직선의 평행선은 오로지 하나 있다"라고 해도 마찬가지다. 그 밖에도 평행선의 공준과 동치(同値)인 명제는 몇 개 있지만 가장 대표적인 것은 다음의 정리다. "삼각형 내각의 합은 2 직각이다."

로바체프스키(볼리아이)의 기하에서는 평행선의 공준이 다음과 같이 바뀐다.

"평면 내의 한 직선과 한 점에 대해서 한 점을 지나고 한 직선과 교차

하지 않는 평면 내의 직선은 많이 존재한다."

이 공리는 우리의 직관과 모순되는 것 같은 기분이 들지 모르지만 어느 쪽의 공준이 옳은지는 실험을 하려고 해도 소용없다. 그것은 논리의 세계에서 전제(前提)의 차이고 또 무한의 문제와 직면하므로 실험 불가능하다.

로바체프스키의 기하에서는 직선 zz' 에 대해서 직선 밖의 점 o를 지나고 zz' 와 교차하지 않는 2직선 xx' 와 yy' 가 결정된다. 각 yox' 내의 o를 지나는 반직선은 반드시 zz' 와 교차하고, 각 xoy 내의 o를 지나는 직선은 zz' 와 교차하지 않는다. xx' 와 yy' 를 zz' 의 평행선이라고 한다. 따라서 평행선은 2개 그을 수 있다. 각 xoy 내의 o를 지나는 직선은 zz' 와 교차하지 않지만 평행선이라고는 부르지 않는다. 각 yox' 의 절반을 평행각이라고 하고 o에서 zz' 에의 수선 op 의 길이에 따라서 결정된다(그림 117).

로바체프스키의 기하에서 삼각형 내각의 합은 2직각보다 작고 그 합은 삼각형의 넓이에 따라서 결정된다.

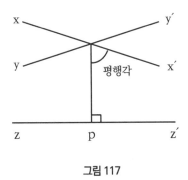

그림 117

174

• 푸앵카레의 모델

수학의 세계에 아직 느긋한 분위기가 남아 있고 현대처럼 수학이 전문적으로 세분화되고 지나치게 공리화되어 있지 않았던 좋은 시대의 마지막 기수(旗手)가 프랑스의 앙리 푸앵카레(1854~1912)다. 그는 수학의 여러 가지 분야에 질이 높은 창조적 업적을 남김과 동시에 사상가로서도 뛰어났다. 푸앵카레는 토폴로지의 영역에서도 빛나는 선구자였다. 푸앵카레의 쌍대정리는 토폴로지의 기본적 정리의 하나이고, 뒤에 언급하는 푸앵카레의 예상은 너무나도 유명한 미해결의 난문이다.

푸앵카레는 로바체프스키의 평면 모델을 유클리드의 평면 속에 실현해 보았다. 이 모델은 물론 로바체프스키의 평면과 동상이지만 단순한 동상인 것만은 아니다. 적당한 함수로 변환시키면 계량적으로도 다름 아닌 로바체프스키의 평면 바로 그것이다. 따라서 유클리드의 평면 속에 로바

푸앵카레

체프스키의 평면이 실현되었다고 생각해도 된다.

푸앵카레 모델의 가장 큰 의의는 비유클리드기하의 존재를 명시한 일이다. 로바체프스키의 기하가 모순을 갖는 것이라면 그 모델을 포함하는 유클리드기하 바로 그것도 모순을 갖는 것이 된다.

모델은 2차원 유클리드평면 R^2 내의 중심 o, 반지름 a인 원의 내부 L^2이다. 지금 o에서 출발하여 L^2의 둘레로 향하는 사람은 그 키가 $c(a^2 - r^2)$에 비례해서 줄어드는 것이라고 한다(다만 c는 비례상수, r은 중심에서의 거리). 이 사람이 아무리 속력을 내도 걸음 폭이 작아져서 경계에 접근하면 0으로 수렴해감으로 절대로 경계에 도달할 수 없다. 이 사람이 움직일 수 있는 세계는 원의 내부 L^2에 한정되어 버린다.

어떤 사람이 점 p에서 점 q까지 최단거리를 걷고 싶다고 생각했다. 유클리드적으로 선분 pq상을 걸어서는 최단거리가 되지 않는다. 중심 o에 가까운 지점을 지나는 편이 유리하다. 그쪽이 걸음 폭이 커지기 때문이다. 실제로 계산해 보면 최단곡선은 p와 q를 연결하는 원호가 되고 그 원은 L^2의 경계인 원둘레와 직교(直交)한다(양자의 접선이 직교한다)는 것을 알수 있다.

주의하지 않으면 안 되는 것은 키가 줄어든다고 해도 로바체프스키 세계의 사람은 절대로 모른다는 것이다. 키뿐만 아니고 모든 것이 $a^2 - r^2$에 비례해서 줄어들기 때문이다. 줄어든다는 것은 유클리드의 입장에서 사물을 보고 있기 때문이다. 또 앞에서 언급한 원호 pq가 로바체프스키의 세계의 사람으로서는 진짜의 선분 pq인 것이다. 로바체프스키의 세계는 유

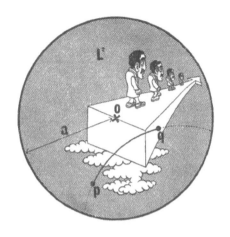

그림 118 | 무앵카레의 모델

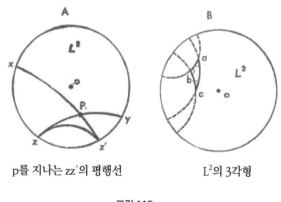

p를 지나는 zz´의 평행선   L²의 3각형

그림 119

계는 아니고 직선의 길이도 유한은 아니다. 그것은 2차원 유클리드공간 R^2에서 봤을 때 유계이고 유한인 것에 불과하다.

　　로바체프스키 세계의 평면은 원의 내부와 동상이고 직선은 열린 선분과 동상이다. 이 점에서는 유클리드기하에 가장 가깝다. 그러므로 사영평면이나 또 하나의 비유클리드기하인 리만평면이 닫힌곡면이라는 것과는 근본적으로 다르다.

푸앵카레의 모델 L^2의 직선은 L^2의 경계와 직교하는 원호이다. 다만 중심 o를 지나는 직선은 지름이다. 〈그림 119〉의 A처럼 직선 zz'에 평행이고 p를 지나는 직선은 z와 z'에서 접하는 두 개의 원호 xz'와 yz이다.

로바체프스키평면 L^2의 삼각형 abc에서 각은 유클리드의 각을 사용해도 된다. 즉 교점에서 접선의 각인데 그것들의 합이 2직각보다 작은 것은 초등기하(유클리드기하)로 증명할 수 있다(〈그림 119〉의 B).

● 리만의 기하

지구가 둥글다는 것을 알기 이전에는 인류에게 대지(大地)는 산이나 골짜기의 요철(凹凸)을 무시하면 평면이었다.

그 당시 평면이라고 생각하고 있었던 것이 실제는 구면이고 또 직선이라고 생각하고 있었던 것이 큰 원이었다. 그 시대의 사람으로서는 대지가 평면인가 구면인가는 실생활에서 거의 문제가 되지 않았다.

로바체프스키의 기하와 견주는 또 하나의 비유클리드기하는 독일의 수학자 리만(1826~1866)이 발견했다.

앞 절의 푸앵카레가 조합토폴로지의 사상을 수학계에 도입한 선구자라고 하면 리만은 미분토폴로지의 개척자라고도 할 수 있다. 리만의 미분

리만

기하에서의 위대한 업적은 다양체나 리만면의 개념을 확립하고 위상기하의 탄생을 촉진하는 원동력이 되었다. 연대로부터 말하면 푸앵카레보다 선배지만 푸앵카레와 마찬가지로 옛날의 좋은 시대를 대표하는 만능선수였다.

리만의 기하에서는 평행선의 공준이 부정되는 것뿐만 아니고 직선을 끝없이 연장하는 것은 불가능하며 두 점을 지나는 직선은 반드시 오로지 하나라고는 할 수 없다. 그러므로 리만의 기하에서는 "상이한 두 직선은 두 점에서 교차한다.", "직선은 폐곡선이다."가 된다. 따라서 평행선은 존재하지 않는다. 또 삼각형의 내각의 합은 2직각보다 크다.

리만의 평면 모델은 구면이다. 유클리드 또는 로바체프스키의 평면과 상은 분명히 달라서 리만의 그것은 폐곡면이다. 직선은 구면상의 큰 원이다. 두 개의 큰 원은 반드시 구의 하나의 지름 양 끝에서 교차하므로 두 개

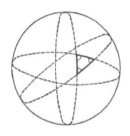

그림 120 | 리만의 모델

의 직선은 두 점에서 교차한다(그림 120).

삼각형은 구면삼각형이지만 삼각형의 내각의 합은 2직각보다 크고 내
각의 합에서 2직각을 뺀 값은 그 구면삼각형의 넓이에 비례하는 것을 증
명할 수 있다.

• 힐베르트의 기하

힐베르트의 기하라고 해도 힐베르트(1862~1943)가 새로운 기하를 만
들어냈다는 의미는 아니다. 유클리드의 원론에도 불완전한 점이 적지 않
다는 것이 오랜 세월에 걸친 사람들의 연구로 밝혀져 왔기 때문에 힐베르
트는 유클리드 기하가 어떠한 약속 즉 공리 위에 성립하고 있는지를 엄밀
히 검토했다. 그것이 힐베르트의 기하학 기초론이다.

유클리드의 원론에는 증명할 수 없는 전제로서 지켜야 할 약속이 먼
저 서술되어 있다. 그것은 정의, 공준, 공리의 3개의 부분으로부터 성립하

힐베르트

고 있다. 평행선의 공준을 비롯하여 공준에 관한 문제에는 언급했지만 정의에도 의문이 가는 점은 적지 않다. 예컨대 직사각형은 네 개의 각이 직각인 4변형이라 정의되고 있지만 실은 평행선의 공준을 가정하지 않으면 이 정의는 의미가 없다. 로바체프스키의 기하에서는 사각형 내각의 합은 4직각보다 작다. 그런데 원론에서는 직사각형 정의 다음에 평행선의 공준이 나온다.

확실히 이상과 같은 것은 논리체계로서는 결점이라고 할 수 있으나 교육적 견지 또는 직관적 입장에서 생각하면 지금도 참고가 되는 것을 많이 포함하고 있다. 예컨대 원론 첫머리의 "점은 부분이 없는 것이다"라는 점의 정의는 바로 정곡을 찌른 명문구이다.

정의, 공준, 공리만은 아니다. 많은 명제를 증명하는 경우에도 직관적으로 자명하다고 하여 사용하고 있는 공간이나 도형의 성질 중에도 그렇게 자명하지는 않아 음미하고 다시 검토할 필요가 생겼다. 그러한 문제

속에 토폴로지와 관련하는 부분도 적지 않다. 힐베르트의 기하학 기초론에서는 순서의 공리와 연속의 공리가 그러한 문제를 파고들고 있다.

힐베르트는 먼저 정의하지 않는 말을 세 개 들었다. 즉 **점, 직선, 평면**의 세 개다. 이를 기하의 3요소라 부르고 기하학이란 이 3요소 사이의 관계를 조사하는 학문이라고 했다.

힐베르트는 유클리드 원론의 장점과 단점이 된 도형을 그려서 눈에 호소하고 직관에 의존해서 논리적 부정확성을 초래한 점을 고쳐 점, 직선, 평면 사이의 관계를 분명하게 약속했다. 그것이 공리다.

힐베르트는 다섯 개의 공리군을 제기하고 그 공리 사이의 무모순성과 독립성을 밝혔다.

무모순성이란 말할 것도 없이 공리끼리 모순되고 있지 않은 것을 의미하고 독립성에서는 어떤 공리가 그 밖의 몇 개의 공리를 사용해서 증명하는 일이 일어나지 않는 것을 보증하고 있다(그러한 경우 공리는 아니고 명제나 정의라고 불러야 할 것이다).

• 결합의 공리

힐베르트 기하학은 다음의 다섯 개 공리군으로부터 성립하고 있다.

| I | 결합의 공리 |
| II | 순서의 공리 |

합동의 공리와 평행의 공리는 중학교나 고등학교의 초등기하 상식으로 추측해도 대단한 잘못은 일어나지 않는다. 순서의 공리와 연속의 공리는 토폴로지와 직접 관련되고 있기 때문에 논하고자 한다. 그에 앞서 결합의 공리를 일단 설명할 필요가 있다.

결합이란 힐베르트 기하학의 출발점이 되는 3요소인 점, 직선, 평면의 결합관계를 의미한다. 먼저 공간 속에 3요소의 존재만을 인정한다. 그들의 성격은 결합을 비롯한 다섯 개의 공리군으로 규정한다. "결합한다"라고 말하는 대신에 우리의 말로 표현하면 "존재한다", "맺는다", "지난다", "가로 놓인다", "교차한다", "공유한다" 등등이 된다. 주된 결합공리를 언급하면

"두 점을 맺는 직선은 단지 하나 존재한다."

"한 직선상에 없는 세 점을 지나는 평면은 단지 하나 존재한다."

"한 직선상의 두 점이 어떤 평면상에 있으면 그 직선은 평면상에 가로 놓인다."

"두 평면이 한 점을 공유하면 적어도 그 밖의 한 점도 공유한다."

이 결합의 공리에서 즉각 증명할 수 있는 명제의 예로 다음과 같은 것

을 들 수 있다.

"상이한 두 직선은 한 점을 공유하든지 전혀 교차하지 않는다."

"상이한 두 평면은 한 직선을 공유하든지 전혀 교차하지 않는다."

"한 직선과 그 위에 없는 점을 포함하는 평면은 단지 하나 존재한다."

"한 점을 공유하는 두 직선을 포함하는 평면은 단지 하나 존재한다."

• 순서의 공리

선분이라는 말은 이 책에서 지금까지 많이 사용해 왔다. 그러나 "선분이란 무엇인가"라고 질문을 받으면 그 답은 그렇게 간단하지 않다. 하나의 모범적인 답을 언급하면 다음과 같이 될 것이다.

"선분은 두 점 a, b로 결정된다. a와 b를 연결하는 직선 α 위에 있고 a와 b의 사이에 있는 점을 내점(內點)이라고 하고, a, b를 끝점이라고 한다. 선분은 내점과 끝점을 합병한 집합이다."

그러나 이 답도 잘 생각하면 '사이'가 빠져 있다. 두 점의 '사이'라는 개념의 규정 없이는 내용이 없다. 그러한 까닭으로 순서의 공리는 '사이'의 정의가 중심으로 되어 있다.

다음으로 '각'이라는 말을 반성해 보자. 각은 끝점을 공유하는 두 개의 반직선으로 결정된다. 각의 참된 성격은 두 개의 반직선이 반직선으로 결정되는 평면을 두 개의 영역으로 나눈다는 관계를 무시해서는 분명해지지 않는다.

이러한 관계는 평면에서의 순서라고 생각한다. 평면 내의 순서와 직선 상의 순서 즉 '사이'는 토폴로지의 밑바탕에 가로놓인 문제다. 직선상 순서의 공리는 다음의 세 가지다(그림 121).

그림 121

"점 b가 점 a와 점 c의 사이에 있으면 a, b, c는 1직선상의 상이한 세 점이고 b는 c와 a의 사이에 있다."

"두 점 a와 c에 대해서 직선 ac상에 항상 적어도 한 점 b가 존재하고 c가 a와 b의 사이에 있다."

"일직선상에 있는 세 점 중에서 그 밖의 두 점의 사이에 있는 것은 한 점보다 많지 않다."

평면 내 순서의 공리는 **파슈의 공리**라고 부르고 하나뿐이다.

"a, b, c는 일직선상에 없는 세 점이고 a는 a, b, c에 의해서 결정되는 평면상에 있으며, 세 점 a, b, c의 어느 것도 지나지 않는 직선이라고 한다. a가 선분 a, b의 점을 지나면 a는 선분 ac 또는 선분 bc의 점을 지난다."

직선상 순서의 공리 중 하나의 결론으로서 다음의 정리가 성립한다.

"일직선상에 임의의 유한개의 점이 주어져 있을 때는 이들의 점을 $a, b, c, \ldots\ldots, k$ 로 나타내고, 이 차례로 배열되도록 할 수 있다."

점이 차례로 배열된다는 의미는 '사이'의 개념을 사용해서 정확하게 설명할 수 있지만 오히려 복잡하기 때문에 이 책에서는 직관적으로 표현 했다. 평면 내의 순서에 관한 결론은 곡선의 장에서 언급한 '조르당의 정리', '쉔프리스의 정리'와 관련되고 토폴로지의 분야에 속하는 문제라고 해도 된다. 다음으로 영역을 살펴보자.

영역이란 평면의 연결인 열린 집합을 의미한다. 상세히 말하면 평면의 부분집합 A에서 A의 임의의 점 a가 A에 포함되는 근방 U_a를 갖고(A는 열린 집합), A의 임의의 두 점 a, b에 a, b를 연결하는 꺾은선이 존재하는(A는 연결) 경우에 A는 영역이다(〈그림 122〉 참조).

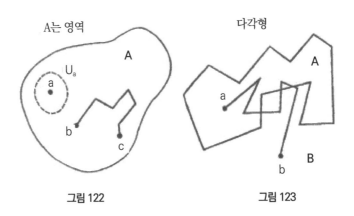

그림 122   그림 123

평면 순서의 공리로부터 끄집어낼 수 있는 명제로는 "직선, 각 (끝점을 공유하는 두 반직선), 다각형(닫힌 꺾은선)은 평면을 2개의 영역 A와 B로 나눈다"를 들 수 있다.

이 명제는 A와 B가 단순히 영역이라는 것만이 아니고 A의 임의의 점 a와 B의 임의의 점 b를 연결하는 꺾은선은 주어진 도형과 반드시 교차한다. 즉 A와 B를 합병한 집합은 연결이 아닌 것까지 포함하고 있다. 또 "평면에서 반직선, 선분, 닫히지 않은 꺾은선을 제외한 집합은 연결이다"라는 명제도 평면의 순서를 생각하는 데 있어서 중요하다(그림 123).

• 연속의 공리

연속의 공리는 직선상의 점의 집합의 구조를 밝히고 있다. 결론을 먼저 내리면 연속의 공리에 의해서 직선상의 점의 전체와 실수의 전체를 동일시할 수 있는 보증이 주어진다. 이것은 두 개의 공리로부터 되어 있고 이 두 개는 본질적으로 다른 성격을 갖고 있다. 그러나

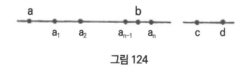

그림 124

'직선의 구조를 결정한다'라는 편의상 하나의 공리군으로 통합된 느낌이 든다. 연속성에 직접 관련되는 것은 계측의 공리 또는 아르키메데스의 공

리라 불리는 힐베르트의 두 번째 공리다.

즉 〈그림 124〉에 "ab와 cd를 임의의 선분이라고 하면 직선 ab 상에 유한개의 점 $a_1, a_2, a_3, \ldots\ldots, a_{n-1}, a_n$이 존재하고 선분 $aa_1, a_1a_2, a_2a_3, \ldots\ldots, a_{n-1}a_n$은 선분 cd와 합동이고 b가 a와 a_n의 사이에 있도록 할 수 있다." 이 공리로부터 직선상 점의 전체는 실수의 부분집합과 1대1의 대응을 만드는 것이 보증된다. 그리고 다음의 공리가 힐베르트의 기하의 마지막의 공리다(완전성 공리).

"1직선상의 점의 전체는 그 밖의 모든 공리를 인정하는 한 확대 불가능하다."

바꿔 말하면

"직선상의 점의 전체에 그 밖의 점집합을 더한 집합을 새롭게 직선이라 생각하여 다섯 개의 공리군 전부를 만족시킬 수는 없다."가 된다.

이 공리로부터의 결론으로서 다음의 정리가 있다(완전성 정리).

"기하학의 구성요소인 점, 직선, 평면은 다섯 개의 공리군 모두를 만족하는 한 확대 불가능하다."

이 정리는 단순히 하나의 직선, 하나의 평면의 확대 불가능을 언급하고 있는 것뿐만 아니라 구성요소를 부가하는 것도 불가능하다는 것을 의미하고 있다.

완전성 공리로부터 유도되는 그 밖의 명제는 직선의 연속성이다. 직선의 연속성에 관해서는 곡선의 장에서 언급했으므로 반복하지 않지만 수렴, 극한, 집적점, 근방 등의 토폴로지에 관한 개념과 직접적으로나 간접적으로도 관계가 없는 것처럼 보이는 이 완전성 공리가 직선의 연속성을 내장(內藏)하는 부분이 유쾌하다. 실제로 이 공리로부터 데데킨트의 절단공리를 증명할 수 있는 것이다.

• 현대의 기하

이 장에서는 고전기하학을 토폴로지의 입장에서 재조명해보고 그 전망을 얻는 것을 목적으로 했다. 그러나 기하학의 발전에 기여한 사람들이 크든 작든 토폴로지의 탄생에 힘이 되고 있는 점은 흥미롭다. 대수적 토폴로리, 조합토폴로지가 푸앵카레의 계통·유파(流派)를 이어받고 미분토폴로지의 실마리는 리만이 열었다. 또 점집합론적 토폴로지에는 힐베르트의 기하학 기초론의 영향이 강한 것을 볼 수 있다.

기하학이나 수학을 진지하게 추구하는 사람은 필연적으로 토폴로지의 영역에 발을 들여놓게 되고 또 토폴로지의 뒷받침을 필요로 한다. 이 좋은 예를 푸앵카레, 리만, 힐베르트의 업적에서 보는 것은 다소 이해했을 것으로 생각한다.

현대의 기하학계는 크게 미분기하와 위상기하로 이분되고 있다. 물론 양자는 서로 관련되고 서로 도와서 거듭 그 밖의 수학, 자연과학, 사회과학 등 기초의 일부를 떠맡고 있다. 그리고 기하의 정리나 이론이 응용됨과 동시에 도형적인 직관이나 도형을 갖고 유추하는 고찰법이 인간의 사고를 원활하게 하고 촉진하는 역할을 수행하고 있다고 말해도 지나친 말은 아닐 것이다.

어떤가, 여러분. 조금 지쳤는지? 그러면 잠시 쉰 다음에 마침내 마지막의 장으로 들어가 보자.

5
고차원의 장

• 인간성은 고차원

어떤 사람이 말하기를, 인류는 보다 차원이 높은 넉넉한 공간에서 살아야 한다. 과연 물리적으로 보면 우리가 사는 공간은 3차원 또는 4차원이다. 그러나 정신적 차원의 높이는 자유로이 선택할 수 있으므로 보다 고차원의 우주를 활보하면 된다.

그렇다고 말은 하지만, 현실은 그 반대여서 인간은 자기 자신을 낮은 차원의 세계에 가두는 것 같은 경향이 강하다. 봉건사회라면 그런대로 대부분의 사람들이 만족했을 것이지만, 현대에도 마찬가지의 사상이 사회를 지배하고 있는 것처럼 보이는 것은 불가사의하다.

입시지옥이 사회문제가 되는 것도 우리가 사상적으로 낮은 차원에서 맴돌고 있다는 가장 좋은 증거라고 생각된다. 대부분의 일본인이 대학입시 단계에서 강제로 1차원적으로 랭크가 매겨진다. 진학반과 취직반과의 사이에 단절이 생기고 진학반 중에서도 대학이 도쿄 대학을 선두로 하여 일직선상에 배열되고 그 순위에 따라서 랭크가 확실히 만들어진다. 이 랭킹의 근거는 학생의 학업 성적 또는 시험 성적이다. 성적은 점수로 표현되고 있다. 점수가 되다보면 수 명 이상 1차원적으로 되지 않을 수 없다. 거기에 모순이 있다.

인간성이란 원래 다양하고 고차원적이다. 그것을 하나의 수로 표현해서 일률적으로 일직선상에 배열하고 비교하니까 누구나 다 마차를 끄는 말처럼 한눈도 팔지 않고 공부하게 된다. 그리고 여러 가지 학과의 점수를 플러스해서 합계점으로 안이하게 인간의 사이에 차별을 만들고 있다. 이것은 수의 악용이 아닐까, 또는 수에 의한 공해라고 말해도 괜찮을 것 같다. 수에는 가감승제를 할 수 있다는 것과 순서를 교체할 수 있다는 두 가지 커다란 성격이 있는데, 그 성질을 이용할 때는 조심하지 않으면 안 된다.

인간의 능력을 평가하는 규준(規準)으로서 각 학과는 각각 독립하고 있다. 각각이 하나의 좌표축을 갖고 있고 고차원의 공간을 형성하고 있다. 영어, 수학, 음악, 체육, …… 등을 총합하여 그 능력은 고차원 공간의 한 점으로서 또는 원점에서 그 점에 이르는 고차원의 벡터(vector)로서 평가되지 않으면 안 된다.

교육이란 개인 각각의 인간성을 나타내는 벡터가 어느 방향을 가리키고 있는지를 분명히 살펴봐 주고 그 개인에 맞는 방향으로 신장시켜 주는 것이다. 그런데 현재의 학교에서는 영어의 점수도 수학의 점수도 체육의 점수도 모두 더해버린다. 덧셈을 할 수 없는 것을 더해버리고 있다. 차원이 다른 것을 더하고 있다. 물리로 말하면 길이와 무게를 더하고 있는 것과 같다.

여러 가지 학과의 점수를 합계하여 성적을 비교하는 것은 편의적인 수단에 지나지 않는다. 이것을 전국 일제히 대다수의 젊은이에게 입학시험으로서 실시한다고 하면 일종의 공해를 일으키는 것은 당연하다. 보다 시간과 돈을 유효하게 사용해서 각 개인의 특징을 명확히 하여 그것을 키우는 것이 교육이다. 합계점 제도로 젊은이들을 1차원적으로 붙들어 매는 현재의 제도는 필자로서는 아무리 해도 재미없다.

교사도 학부모도 학생도 인간성은 고차원이라는 것을 믿고 각자의 개성을 키우는 것을 본래의 목적으로 하여 학교의 성적이나 학교의 랭크 등에 얽매이지 않고 보다 대범하고 느긋한 인간성 형성에 노력해야 할 것이다. 예컨대 유카와 히데키 선생이 제창하는 것처럼 각 학과의 점수를 제곱하여 합계하는 편이 실수가 없는 수재 타입보다 개성이 강한 독창적 타입의 수험자에게 유리할 것이다. 아인슈타인이라든가 유카와 씨 등은 분

학교의 성적이나 랭크 등에 얽매이지 않고 대범하고 느긋한 인간성의 형성에 노력해야 할 것이다

명히 후자의 타입에 속한다.

인간성이 고차원일 뿐만 아니고 사회도 고차원인 것처럼 필자는 생각한다. 사회 속에도 많은 좌표를 잡을 수 있다. 정치, 경제, 교육 등 각각이 독립하고 있고 그것들을 총합한 것이 사회이고 그것들을 좌표의 축으로 사회가 움직이고 있으며 그 좌표도 때와 장소에 따라서 변화해 간다. 따라서 고차원의 장(章)의 토대가 되는 다양체의 개념과 결부된다. **다양체**는 각 점의 근방에서 국소적으로는 좌표축을 선정할 수 있으나 전체를 통한 좌표축은 반드시 잡을 수 있다고는 할 수 없다.

사회에서도 논리의 기준자체가 때와 장소에 따라 변천하는데, 다양체에서도 절대적인 좌표는 없어도 된다. 상대적인 좌표가 각 점에 주어지고 그 좌표는 그 점의 근방에서만 유효하다. 그리고 각 점에서의 좌표는 서로 관련되고 총합되어서 다양체는 골격이 된다. 국소적인 좌표끼리 서로 관련하는 방법이 단순히 연속적일 때 일반다양체가 되고 미분 가능할 때 미분다양체가 되며 PL(다면체적)일 때 PL(다면적)다양체가 된다.

● 차원이란

차원이라는 말은 무어라 말할 수 없는 매력을 갖고 있지만 난해하다. 최근에는 이 말을 함부로 지나치게 사용하는 것 같다. 토폴로지에는 차원론(次元論)이라는 분야가 있다. 일반 토폴로지 중에서 가장 아름다운 논리 전개를 보여주는 조화가 잡힌 세계다. 이 절에서 다소나마 그 정연한 논리를 소개할 수 있다면 다행이다.

직선 R, 평면 R^2, 3차원 유클리드공간 R^3 등에서는 각각 차원과 똑같은 개수의 좌표축을 갖고 있다. 마찬가지로 n차원 유클리드공간 R^n 에서는 n개의 좌표축을 선정할 수 있다. 그러나 일반의 위상공간에서는 좌표축이 반드시 존재한다고는 할 수 없다. 그러면 위상공간에서는 어떻게 해서 차원을 정의하면 되는 것일까.

다양체에서 각 점은 유클리드공간과 동상인 근방을 갖고 있다. 그러므로 근방의 차원이 다양체의 차원이다. n차원 다양체에서는 전체를 내다보는 것 같은 좌표축은 잡을 수 없다. 그러나 국소에서 국소적인 n개의 좌표축을 선정할 수 있다. 그러나 국소적인 좌표축을 선정할 수 있는 것은 다양체까지이고 일반의 위상공간에서는 전국적(全局的)인 것은 물론 국소적인 좌표축조차도 반드시 존재한다고는 할 수 없다. 여기서 마침내 차원론이 등장하는 것이다.

토폴로지에서 경계의 개념은 중요하다. 차원도 경계도 관련해서 생각하지 않으면 안 된다. 선분은 1차원의 존재이지만 그 경계인 두 개의 끝점은 0차원이다. 먼저 "한 점이라든가 유한개의 점은 0차원이다."라고 정의한다. 이것이 차원론의 출발점이다.

원판은 2차원적 존재이지만 그 경계인 원둘레는 1차원이다. 마찬가지로 구는 3차원이지만 그 경계로 되어 있는 구면은 2차원이다. 보통 하나의 도형이 n차원이라면 그 경계는(경계가 공집합인 경우는 별개로 하고) $n-1$ 차원이다. 우리가 일상적으로 접하는 도형에서 그 도형과 경계는 1차원의 차이가 생긴다. 이 사고를 고차원에도 또 일반의 위상공간에도 확장함으로써 일반의 공간에 차원을 정의할 수 있고 차원론의 화려한 전개가 가능해진다.

차원의 정의는 인덕션(귀납법)에 따른다. 이미 언급한 것처럼 유한개의 점은 0차원이라고 정한다. 따라서 $n-1$차원 또는 그 이하의 차원 개념은 밝혀진 것으로 하고 n차원의 정의를 언급하자.

위상공간 T가 n차원 이하라는 것은 T의 각 점 p가 $n-1$차원 이하의 경계를 갖는 것 같은 근방 U_p를 갖는 것이다. T가 n차원이라는 것은 T가 n차원 이하이고 $n-1$차원 이하가 아닌 경우를 말한다.

예컨대 그래프(리니어 그래프)에서는 각 점 p는 유한개의 점을 경계로 갖는 것 같은 근방 U_p를 가지므로 그래프의 차원은 유한개의 점의 차원, 즉 0차원보다 하나 많은 1차원이 된다. 또 〈그림 125〉와 같은 정육면체 표면의 한 점 q를 생각하면 q의 근방 U_p로서 q를 꼭짓점으로 하는 삼각뿔

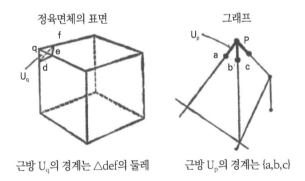

정육면체의 표면　　　　　　　그래프

근방 U_q의 경계는 △def의 둘레　　　근방 U_p의 경계는 {a,b,c}

그림 125

의 측면을 잡을 수 있다. 측면의 경계는 분명히 그 밑인 삼각형 def 의 둘레이다. 이것은 1차원이므로 정육면체의 표면은 2차원이다. 3차원의 도형에 관해서는 여러분도 시도해 보기 바란다.

● 포석정리

n차원의 도형의 경계는(그것이 존재한다면) $n-1$ 차원이라는 것을 앞의 절에서 언급했다. 차원 및 경계와 관련한 흥미 있는 문제에 포석(鋪石)정리가 있다. 포석정리에 들어가기 전에 다시 한번 경계라는 개념을 반성해 보자.

유럽의 지도를 펼쳐 보자. 스위스는 독일, 프랑스, 이탈리아, 오스트리아에 둘러싸여 있다. 이 나라에 접하고 있는 점을 연결한 폐곡선이 스위

그림 126 | 스위스를 둘러싼 나라들

스의 경계를 형성하고 있다. 스위스 국경상의 한 점이란 스위스와 그 이외의 나라와의 접점인데 토폴로지의 말로 표현하면 그 점의 임의의(아무리 작아도) 근방이 스위스의 영토와 그 이외의 나라의 영토를 포함하는 것 같은 점이다. 역으로 스위스 영토 내의 점은 그 점의 충분히 작은 근방은 완전히 스위스의 영토에 포함되는 것 같은 점이다.

위상공간 A속에 하나의 도형 B가 있으면 B의 경계점이란 그 점의 임의의 근방이 B와 A로부터 B를 제외한 집합 A-B의 양자와 반드시 교차하는 점이다. B의 내점이란 적당히 작은 근방을 잡으면 B 속에 쑥 들어가 버리는 것 같은 점이다.

유럽의 지도를 다시 한번 보자. 스위스, 프랑스, 이탈리아의 3국이 접하고 있는 점이 있다. 즉 유럽 알프스의 최고봉 몽블랑 부근의 지점이다. 토폴로지 류로 말하면 어떠한 작은 근방을 잡아도 스위스, 프랑스, 이탈리아의 3국의 영토가 들어가는 지점이다. 포석정리에서 문제가 되는 것은 그러한 점이다.

지금 도로에 〈그림 127〉과 같은 돌을 까는 경우를 생각해 보자. 그렇

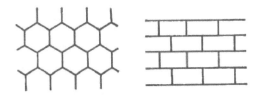

그림 127

게 하면 반드시 세 개 이상의 돌이 접하고 있는 점이 존재한다. 이 성질은 돌의 크기, 형태 등에는 관계하지 않는다. 이를테면 토폴로지적인 것이다. 서투르게 깔면 물론 네 개 이상의 돌이 접하는 경우도 있지만 어떤 점도 두 개 이하의 돌밖에 접하지 않도록 까는 것은 불가능하다. 이것이 포석정리다. 그러한 까닭으로 포석정리는 차원과 본질적으로 관련하고 있다.

이상 말한 것은 평면상에 돌을 까는 경우지만 차원이 다른 경우에도 마찬가지 문제가 일어난다. 일직선 R 위에 선분을 까는 경우라면 차례로 선분을 배열해 가는 것만의 이야기니까 서로 이웃하는 선분끼리가 접할 뿐이고 세 개 이상의 선분이 한 점에서 접하는 경우는 없다.

3차원 유클리드공간 R^3의 경우는 먼저 벽돌을 쌓아올리는 일을 하고 있는 사람에게 묻는 것이 가장 좋다. 왜냐하면 한 점에 모여 있는 벽돌의

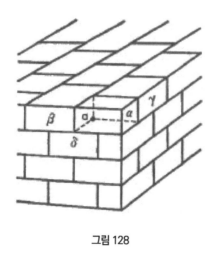

그림 128

수가 많을수록 그 벽돌의 건물은 구조적으로 약하고 지진이 일어나면 가장 먼저 붕괴될 것이다.

〈그림 128〉처럼 벽돌을 서로 엇갈리게 쌓아 올리면 네 개의 벽돌이 1점에서 접하고 있는 점이 생긴다. 그림의 표면에는 보이지 않지만 내부의 점, 예컨대 a에는 $\alpha, \beta, \gamma, \delta$의 네 개의 벽돌이 모여 있다. 그러나 적당히 엇갈리도록 조심하면 다섯 개 이상의 벽돌이 한 점에 모이지 않도록 쌓을 수 있는 것은 분명하다.

일반적으로 3차원 유클리드공간 R^3에 돌(구와 동상인 도형)을 빈틈없이 쌓아 올려가는 경우에는 반드시 네 개 이상의 돌이 접하고 있는 점이 존재한다. n차원 유클리드공간 R^n에 대해서도 마찬가지 포석정리가 성립한다. 이상 언급한 것을 정리해서 얻은 것이 다음의 정리다.

"n차원 유클리드공간 R^n을 n차원 구와 동상인 도형으로 빈틈없이 덮으면 반드시 $n+1$개 이상의 도형이 접하고 있는 점이 생긴다."

이 정리는 더 일반화해서 일반의 위상공간에도 성립하고 역으로 그 공간의 차원은 포석정리의 한 점에서 접하는 포석의 수로 규정할 수도 있다.

• 고차원 구와 고차원 삼각형
고차원의 기하에서 기본적인 도형인 구와 단체(고차원 삼각형)를 이해하는 것은 쉽지 않다. 그래도 구는 식으로 나타낼 수 있기 때문에 구체적 이해는 아니더라도 형식적인 정의는 할 수 있다. 단체(單體)의 경우는 그것도 할 수 없기 때문에 저차원의 경우로부터 유추하는 길밖에 없는 것 같다.

n차원 유클리드공간 R^n 의 점은 n개의 실수의 조$(x_1, x_2, \cdots\cdots, x_n)$이다. 두 점 $(x_1, x_2, \cdots\cdots, x_n)$과 $(x_2', x_2' \cdots\cdots, x_2',)$의 거리는 $\sqrt{(x_1-x_1')^2 + (x_2-x_2)^2 + \cdots\cdots + (x_n-x_n')^2}$으로 정의할 수 있다. 따라서 R^n 은 거리공간이 되고 근방이 정의되며 결국 토폴로지를 R^n 으로 도입할 수 있어 R^n 은 위상공간이 된다. 거리공간이란 임의의 두 점 a, b 의 사이에 거리 $d(a, b)$가 결정되어 있고 그것은 삼각형부등식 $d(a, b) + d(b, c) \geqq d(a, c)$가 만족하는 것과 같은 공간이다.

n차원 유클리드공간 R^n 에서 부등식 $x_1^2 + x_2^2 + \cdots\cdots + x_n^2 \leqq 1$을 만족하는 점의 집합이 n차원 단위구라 불리고 방정식 $x_1^2 + x_2^2 + \cdots\cdots + x_n^2 = 1$ 을 만족하는 점의 집합을 $n-1$차원 단위구면이라 부르며 n차원 단위구 또는 $n-1$차원 단위구면에 동상인 도형을 각각 n차원 구, $n-1$차원 구면이라 부르고 보통 B^n, S^{n-1}로 나타낸다.

n차원 유클리드공간 R^n 에서 1차방정식 $a_0 + a_1 x_1 + a_2 x_2 + \cdots\cdots + a_n x_n = 0$을 만족하는 점의 집합을 $n-1$차원 초(超)평면이라고 부른다. m개의 $n-1$차원 초평면이 R^n 속에 있고 그것들이 적당히 교차할 때 그 공통부분(즉 m개의 1차방정식을 만족하는 점의 집합)이 $n-m$차원의 초평면이다.

예컨대 R^3에서는 2차원 초평면이라는 것은 물론 보통의 평면이고 평면과 평면이 교차하는 1차원 초평면이란 직선을 의미하며, 3개의 평면이 교차하는 0차원 초평면이라는 점이다.

　1차 방정식 $x_n = 0$으로 나타낼 수 있는 점은 $(x_1, x_2, \ldots\ldots, x_{n-1}, 0)$이라고 할 수 있으므로 $n-1$차원 유클리드공간 R^{n-1}의 점 $(x_1, x_2, \ldots\ldots, x_{n-1})$과 동일시 할 수 있기 때문에 R^{n-1}은 R^n에 포함되는 초평면이라고 생각해도 된다. 부등식 $x_n \geqq 0 \ (x_n \leqq 0)$이 만족하는 점의 집합을 n차원 반(半)공간이라 부르고 H^n으로 나타낸다.

　〈그림 129〉처럼 p와 p'를 대응시켜 주면 n차원 구면 s^n에서 한 점 a를 제외한 도형 $S^n - a$는 n차원 유클리드공간 R^n과 동상이라는 것을 알 수 있다. 마찬가지로 n차원 구 B^n에서 그 표면으로 되어 있는 $n-1$차원 구면 S^{n-1}을 제외한 도형 $B^n - S^{n-1}$도 R^n과 동상이다. 그림은 차원 n이 2의 경우지만 고차원에서도 동상의 증명은 본질적으로는 바뀌지 않는다.

　한 점을 0차원 단위체라고 부르고 선분을 1차원 단체(單體), 삼각형을

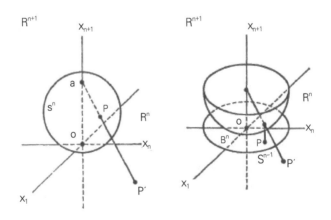

그림 129

2차원 단체, 4면체를 3차원 단체라고 부른다. 각 차원의 단체는 그 차원보다 하나만큼 많은 개수의 꼭짓점을 갖고 있음을 알 수 있다.

n차원 유클리드공간 R^n 속에 $m+1$개의 점이 있고 그 점을 포함하는 $m-1$ 차원의 초평면이 존재하지 않을 때 1차 독립이라고 한다. 예컨대 〈그림 130〉의 세 점 a, b, c 처럼 일직선상에 있는 점은 1차 독립은 아니고 1차 종속이라고 한다. 세 점 a', b', c'와 같은 점을 1차 독립이라고 한다. 1

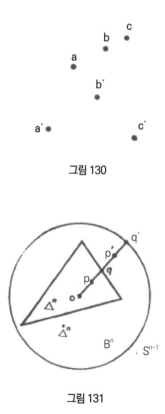

그림 130

그림 131

차 독립인 $m+1$개의 점이 결정하는 도형(최소 凸체)이 m차원 단체이고 그들의 점은 꼭짓점이라 불린다. n차원 단체를 Δ^n이라고 하면 Δ^n의 표면을 $\dot{\Delta}^n$으로 나타내기로 한다.

〈그림 131〉은 n이 2인 경우지만 p와 p', q를 대응시킴으로써 n차원 단체 Δ^n은 n차원 구와 동상이고 Δ^n의 표면 $\dot{\Delta}^n$은 $n-1$ 차원 구면과 동상이라는 것을 알 수 있다.

● 고차원 다양체와 복체

위상공간 M이 n차원 다양체라는 것은 M의 각 점이 n차원 유클리드 공간 R^n, 또는 그 반공간 H^n과 동상인 근방을 갖는 것이다.

R^n과 동상인 근방을 갖는 점을 M의 내점이라 하고, H^n과 동상인 근방을 갖는 점을 M의 경계상의 점이라 부르고 M의 경계상에 있는 전체를 M의 경계라 하고 $\dot{M}$으로 나타내기로 한다. M이 n차원 다양체이고 $\dot{M}$이 공집합이 아니면 경계 $\dot{M}$은 $n-1$ 차원 다양체다.

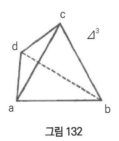

그림 132

n차원 단체 Δ^n이란 $n+1$개의 꼭짓점(1차 독립인 점)을 갖는 가장 단순한 도형이지만 그 꼭짓점의 부분집합은 또 1차 독립인 점이 되므로 낮은 차원의 단체를 만든다. 그것을 Δ^n의 면단체(面單體)라고 부른다. 예컨대 〈그림 132〉와 같은 4면체 Δ^3은 3차원 단체다. 삼각형 abc는 Δ^3의 2차원 면단체, 선분 ab는 Δ^3의 1차원 면단체, 꼭짓점 a는 Δ^3의 0차원 면단체라고 하는 식이다.

복체(複體)란 몇 개의 단체를 조합해서 만들어지는 도형이고 복체가 임의의 두 개의 단체와 교차하는 것은 양자가 면단체로 되어 있지 않으면 안 되기 때문이다. 교차하는 방법은 좋은 예에서 나타내는 것처럼 예컨대 두 개의 2차원 단체(삼각형)가 교차할 때는 양자의 변 또는 꼭짓점에서만 교차하지 않으면 안 된다(그림 133).

하나의 복체가 더 작은 단체로 분할되어 새로운 복체가 될 때 새로운 쪽을 낡은 쪽의 세분(細分)이라고 부른다. 2개의 복체에서 단체끼리 1대1 대응하고 그 조합방법도 일치할 때 두 개의 복체는 동형(同型)이라고 한다. 〈그림 134〉의 예는 삼각형과 사각형을 둘로 분할해서 만들어지는 복체지만 꼭짓점 a, b, c, d에 꼭짓점 a', b', c', d'를 대응시키면 단체끼리의 1대1의 대응이 되고 두 개의 복체는 동형이다.

유클리드 기하에서는 삼각형과 사각형은 완전히 다른 도형이지만 위상기하에서는 같은 도형으로 취급된다. 두 개의 도형이 동형인 복체로 분할된다면 두 개의 도형이 동상이라는 것을 간단히 나타내 보일 수 있다.

두 개의 복체가 동형인 세분을 가질 때 조합동형이라고 한다. 〈그림

교차하는
방법이 좋은 예

나쁜 예

그림 133

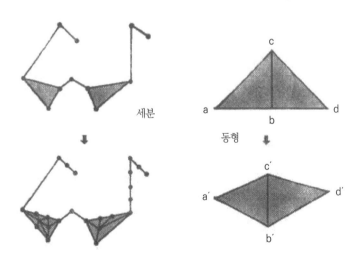

세분

동형

c

a   d
b

c´

a´   d´

b´

그림 134

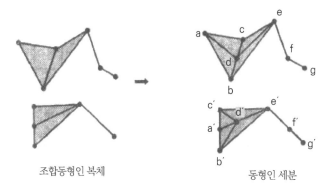

조합동형인 복체   동형인 세분

그림 135

135〉의 위의 두 개의 복체는 물론 동형은 아니지만 세분한 아래의 두 개
의 복체는 동형이다. 그러므로 위의 두 개의 복체는 조합동형이다.

위상공간이 복체와 동상일 때 삼각형 분할 가능 또는 단체분할 가능이
라 한다. 〈그림 136〉처럼 구면은 삼각형분할 가능이다. 또 8면체와 동상
이라는 것은 바로 알 수 있을 것이다. 이 경우는 구면을 여덟 개의 구면삼
각형으로 분할했다고 생각해도 된다.

그러면 이것으로 가까스로 토폴로지에서의 가장 크고 가장 어려운 2
개의 문제를 소개할 준비가 된 셈이다. 그 하나의 문제는 삼각형 분할의
문제라고 해서 "다양체는 삼각형분할이 가능한가?"라는 질문이고 다른
하나는 토폴로지의 기본 예상으로 "동상인 두 개의 복체는 조합동형일 것
이다!"라는 것이다.

이 난문은 고차원에서 차츰 해결하고 있으나 저차원에서는 해결의 실

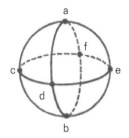
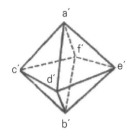

그림 136

마리조차도 포착하고 있지 않다. 저차원이라기보다는 오히려 저개발차원
이라고 말하는 편이 좋을 것 같다.

• 차원의 싸움

토폴로지스트 중에는 저차원에 강한 사람과 고차원에 강한 타입이 있
다. 개중에는 쌍칼을 사용해서 능숙하게 다루는 사람도 있지만 보통은 어
느 한쪽의 범주에 속한다.

제2차 세계대전 당시 학생이었던 필자는 군사교련을 지도하는 배속장
교로부터 가끔 다음과 같은 설교를 들었다.

"전투의 최후를 결정하는 것은 보병이고 그 육탄전(肉彈戰)이다. 일본
군은 백병전(白兵戰)에서는 필승이므로 최후의 승리는 우리가 장악한다."

그런데 그 결과는 모두 아는 것처럼 태평양전쟁은 일본의 패배로 끝났다. 일본군은 지상전에서는 확실히 강했다. 거함(巨艦), 거포(巨砲)를 가지고 해상전에서도 강했다. 그러나 본질적으로는 2차원적인 세기에 불과했다. 비아냥거리는 견해로 보면 2차원은커녕 점과 선을 연결해가는 작전이고 1차원적인 전략밖에 갖추고 있지 않았던 느낌이 든다. 항공기나 잠수함을 자유로이 구사하는 3차원적인 총합력 앞에서는 잠시도 지탱하지 못했다. 물리적으로 1차원적, 2차원적이었던 것뿐만 아니고 사고방식도 그 자체가 단순하고 1차원적이었다.

토폴로지의 세계에서도 비슷한 현상이 생겼다. 일본의 토폴로지스트라는 것은 아니고 저차원의 토폴로지스트에게는 1960년대는 일본의 패전과도 비슷한 나날이 계속되었다. 이미 언급한 것처럼 삼각형 분할의 문제, 기본예상 그리고 이제부터 언급하는 푸앵카레의 예상, 쉔프리스의 예상 등이 고차원으로, 잇달아 햇빛을 보게 되는 것에 반해서 저차원에서는 어느 것이나 진척되지 않는다. 정말로 저개발차원을 연구하는 사람들로서는 우울한 나날이었다.

그러나 베트남에서의 전쟁을 보고 있으면 고차원적인 전쟁방법이 반드시 승리를 거둔다고는 할 수 없는 것 같다. 열대의 정글에서는 항공기 공격은 그다지 유효하지 않다는 것이 판명되었다. 게릴라전에서는 한 걸음 한 걸음 자기의 발로 확인해 가는 보병이 전투의 주력이 된다. 토폴로지의 세계에서도 저차원에서 기본적인 눈부신 결과가 1970년대에 기대되는 것은 아닌가 하고 생각한다. 물론 1970년대는 1950년대, 1940년대와는 다르므로 1960년대에 달성된 고차원의 공간에서의 성과를 그 이전의 저차원 공간의 결과에 플러스해서 총합적인 연구를 추진해야 한다. 또 고차원 공간의 연구도 저차원에서의 앞으로의 성과를 기다리지 않으면 큰 발전은 기대할 수 없는 분야도 적지 않다.

저차원 문제를 공격하는 것은 열대의 정글을 개발하려고 하는 것과 마찬가지다. 한 걸음 잘못 발을 들여놓으면 길을 잃고 결국은 길에 쓰러져 죽을 가능성도 적지 않다. 토폴로지의 연구에 국한되는 것은 아니지만 이

태평양전쟁에서 일본은 차원의 차이로 패배했다

제부터의 연구는 분명한 방향과 방법을 갖고 조직적으로 협력해 가지 않으면 안 된다. 그것이 정글에 발을 들여놓을 용기를 불러일으키고 또 정글에서 쓰러져 죽지 않기 위한 유효한 수단이다.

종전의 일본 수학의 연구는 개인적인 재능과 노력에 의존하고 있어 유기적인 협력을 할 수 없었지만 앞으로도 그러한 상태가 계속되면 머지않아 미국이나 러시아의 조직적인 스피드 있는 수학의 발전 앞에 학문적 패배를 당할 수밖에 없다고 생각한다. 어쩐지 늙은이의 쓸데없는 넋두리같이 돼버렸는데 수학을 지향하는 사람의 한 사람으로서 필자는 그렇게 믿는 것이다.

• 푸앵카레의 예상과 쉔프리스의 예상

위상공간 안에서 도형의 운동은 매우 자유로운 입장을 취한다. 형태나 크기가 바뀌어도 괜찮다. 운동에는 두 종류가 있는데 아이소토피와 호모토피로 나뉘는 것은 이미 언급한 대로다. 어느 쪽의 운동에서도 시각 t와 함께 도형은 연속적으로 변형되어 가지만 아이소토픽한 운동에서 도형은 어느 시각에도 동상이 아니면 안 된다.

호모토픽한 운동에서는 변형 도중에 연속적으로 움직이면 되는 것이고 어느 시각에서 중복점이 있어도 된다. 즉, 동상성(同相性)이 무너져도 괜찮다.

경계를 갖지 않고 콤팩트한 n차원 다양체를 닫힌 n차원 다양체라고

호모토픽한 운동

중복점

그림 137

한다. 닫힌 n차원 다양체에서 그 속에 있는 어떠한 도형(자기 자신은 제외)도 호모토픽한 운동이고, 한 점으로 줄이는 것이 가능할 때 그 다양체를 호모토피 n차원 구면이라고 한다.

푸앵카레의 예상……"호모토피 n차원 구면은 보통의 구면과 동상이다!"

물론 보통의 구면은 $n+1$ 차원 유클리드공간 R^{n+1} 내에서 방정식 $x_1^2 + x_2^2 + \cdots + x_{n+1}^2 = 1$ 을 만족하는 점의 집합이라고 생각하면 된다. 푸앵카레의 예상은 3차원과 4차원을 제외하고 모두 긍정적으로 해결하고 있다. 남겨진 3차원과 4차원의 푸앵카레의 예상은 난문 중의 난문으로 난공불락의 느낌이 있다.

쉔프리스의 예상은 2차원의 경우 이미 언급했다. 일반 차원의 경우는 일반 토폴로지, 미분토폴로지, PL토폴로지의 어느 입장에 서 있느냐에 따라서 문제는 달라진다. n차원 유클리드 공간 R^n 속에 보통의 $n-1$ 차원 구면과 동상인 도형 S를 넣으면 R^n은 두 개의 영역으로 나뉜다. 이때 한 쪽의 영역은 유계이고 다른 쪽은 유계가 아니다. 그 유계인 영역에 S를 더한 도형을 B라고 한다. 그렇게 하면 쉔프리스의 예상이란 "B는 보통의

$n-1$ 차원 구와 동상이다!"라는 것이다.

뿔이 난 구면의 절에서 언급한 것처럼 일반 토폴로지의 입장에서 이 예상은 3차원 이상에서 모두 부정된다. 이것을 PL토폴로지의 입장에서 생각해 보자. 즉 이 도형이 보통의 $n-1$ 차원의 구면과 동상인 것만이 아니고 복체이기도 하다면 이 예상은 규정적으로 풀리는 것이 아닐까?

확실히 3차원의 경우는 YES라는 대답이 되돌아온다. 문제는 4차원 이상인데 유감스럽게도 이것은 미해결이다. 그러나 매우 흥미 있는 결과가 알려져 있다. 그것은 PL쉔프리스 예상은 4차원 이상에서 모두 동등하다는 것이다. 바꿔 말하면 PL쉔프리스 예상은 4차원 이상의 어딘가의 차원에서 긍정되면 모두 규정되고 어딘가의 차원에서 부정되면 모든 차원에서 부정되어 버린다.

푸앵카레의 예상과 쉔프리스의 예상은 본질적으로는 같은 성격의 문제다. 그러나 쉔프리스의 예상 쪽이 다소 공격하기 쉬운 것처럼 여겨진다.

• 마의 2차원

토폴로지의 세계를 복잡괴기하게 하는 원흉은 노트(knot), 즉 매듭의 문제다. 노트의 연구 역사는 매우 오래되었다. 더구나 그 밖의 토폴로지의 문제가 모두 해결되어도 노트의 연구는 계속될 가능성이 크다. 〈그림 138〉과 같은 클로버형의 노트를 비롯해서 노트에는 여러 가지 타입의 노트가 있지만 그 분류도 되어 있지 않다. 또는 영원히 그 분류는 불가능할

그림 138 | 클로버형 노트

지도 모른다.

노트의 분류란 3차원 유클리드공간 R^3 속에 폐곡선이 들어가 있을 때 아이소토픽한 운동으로 한 쪽에서 다른 한쪽으로 옮겨질 때 2개의 노트를 같은 부류에 넣는다. 〈그림 139〉와 같은 6개의 노트는 모두 동류(동위)다.

노트는 폐곡선이므로 차원은 1이다. 들어가 있는 공간 R^3 의 차원은 물론 3이다. 3차원과 1차원의 차원의 차는 2차원이다. 이 2차원 차가 대단히 만만치 않다. 그렇다고는 하지만 이 2차원 차가 중요한 의미를 갖는다는 것이 분명해진 것은 역시 1960년대에 들어서면서부터다.

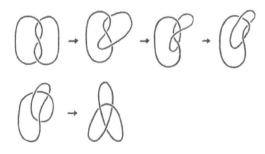

그림 139 | 아이소토픽한 운동

n차원 유클리드공간 R^n 속에 보통의 n차원 구면과 동상인 도형이 들어 있는 경우 n과 m의 차가 3 이상이면 모두 아이소토픽하다는 것이 판명됐다. n과 m이 주어지고 $n-m \geq 3$이면 그러한 도형은 모두 같은 타입이라고 토폴로지에서는 간주한다는 것이다. 다만 토폴로지라고 해도 그것을 분명히 단언할 수 있는 것은 PL토폴로지의 입장에 섰을 때 이야기고 일반 토폴로지의 경우에는 병적인 도형도 포함되기 때문에 그 밖의 조건이 필요해지고 미분토폴로지의 경우도 다소 다르다.

이 절에서는 항상 PL토폴로지의 입장에 서서 사물을 생각하기로 한다. 즉 보통의 n차원 구면에 동상인 도형을 생각할 때도 동상임과 동시에 복체로 되어 있는 것 같은 도형에만 제한한다.

클로버형이라고 해도 〈그림 140〉처럼 닫힌 꺾은선의 경우만을 생각한다. 따라서 보통의 m차원 구면과 동상인 복체를 m차원 구면이라고 생략해서 말하기로 한다. 다만 그림을 그리는 경우에는 편의상 매끄러운 곡선이나 곡면으로 대응하는 경우가 적지 않다.

마의 2차원 차의 예로서 3차원 유클리드공간 R^3 내의 노트 이외에 가

그림 140

장 알기 쉬운 예로서, 4차원 유클리드공간 R^4 내의 구면을 하나 만들어 보자.

R^4 내의 3차원 초평면 $x^4 = 0$을 역시 R^3으로 나타내고 R^3 속의 노트 의 하나를 S^2이라고 하고 그 S^1을 4차원 공간 내에서 서스펜션하는 것이 다. 〈그림 141〉은 그 모델이다. 평행 4변형은 R^3을 나타내는 것으로 생각 한다.

클로버형의 노트 S^1을 R^3 속에 넣어둔다. p와 q는 R^4 내의 점에서 R^3 으로써 분리되어 있는 두 개의 상이한 반공간 내에 들어가 있는 점이다. 예컨대 그림처럼 네 번째 좌표축의 위에 있고 그 좌표는 ±1이다. 이 두 점에서 서스펜션을 만든다.

즉, p와 q에서 S^1상의 모든 점과 연결하고 그러한 선분의 전체가 만드 는 도형이 R^4 내의 하나의 구면 S^2이 된다. 이 S^2은 R^4 내의 건실한 구면

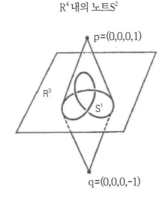

R^4 내의 노트S^2

그림 141

과는 동위가 아니라는 것을 증명할 수 있다. 분명히 말하면 이 s^2은 4차원 공간 내를 어떻게 운동(아이소토피)시켜도 R^2 속에 들어가는 일은 없다. 건실한 구면은 R^3 속의 단위구면($x_1^2 + x_2^2 + x_3^2 = 1$)과 동위이다. 그러므로 s^2은 건실하지 않음을 알 수 있다.

• 3차원 다양체의 예

3차원 유클리드 공간 R^3은 가장 간단한 예이지만 R^3 속에 들어가 있는 3차원 다양체로서 반공간이나 3차원 구가 있다. 이 밖에 큰 3차원 구에서 그 속에 들어가 있는 작은 3차원 구의 내부를 제외한 3차원 애뉼러스도 R^3 속에 들어가 있는 3차원 다양체이다. 우리가 자신의 눈이나 손으로 직접 확인할 수 있는 3차원 다양체는 이러한 것으로 대부분의 3차원 다양체는 그 밖의 방법으로 만들 수밖에 없다. 그를 위해서는 방정식을 사용하거나 직접 또는 맞붙임에 의한 방법이 있으므로 소개한다.

3차원 유클리드공간 R^3이 경계를 갖지 않고 반공간과 구의 경계는 각각 평면과 구면이라는 것은 명백할 것이다. 3차원 애뉼러스의 경계는 2개의 구면이다. 닫힌(경계를 갖지 않고 콤팩트한) 3차원 다양체의 가장 간단한 예로서 4차원 유클리드공간 R^4 내의 구면

$x_1^2 + x_2^2 + x_3^2 + x_4^2 = 1$ 이 있다.

사영공간 p^3도 닫힌 3차원 다양체이지만 3차원 구에 있어서 〈그림 142〉의 구면상의 p와 p'가 구의 중심에 관해서 대칭의 위치에 있을 때 동

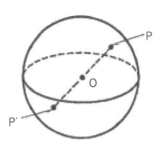

3차원 사영 공간 P^3

P와 P′를 맞붙인다

그림 142

일시한다. 즉 구의 경계의 각 점을 그 안쪽의 점과 서로 맞붙여서 만들어 지는 다양체다. 물론 3차원의 공간 내에서는 실현 불가능하다.

p^3처럼 맞붙임을 생각하면 여러 가지 3차원 다양체를 만들 수 있다. 〈그림 143〉의 A처럼 정육면체 C에서 표리의 관계에 있는 정사각형을 모두 맞붙이면 3차원 트러스가 된다. 그림처럼 p와 p', q와 q'와 같은 위치에 있는 두 점을 모두 동일시해서 만들어지는 3차원 다양체다.

큰 구에서 작은 구의 내부를 제거해서 만들어지는 3차원 애뉼러스에서 그 경계상에 있고 중심 O에서 나오는 반직선에 실려 있는 두 점 p와 p'를 동일시하면 하나의 3차원 다양체 Q를 얻는다. 즉 Q는 3차원 애뉼러스의 경계로 되어 있는 두 개의 구면을 맞붙임으로써 만들어지는 3차원 다양체다〈그림 143〉의 B).

맞붙여서 3차원 다양체를 만드는 것 이외에 직적(直積)공간으로서 몇

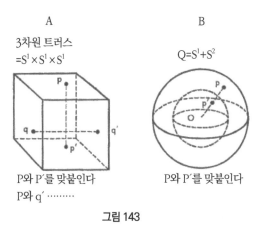

A

3차원 트러스
$= S^1 \times S^1 \times S^1$

P와 P′를 맞붙인다
P와 q′ ⋯⋯⋯

B

$Q = S^1 + S^2$

P와 P′를 맞붙인다

그림 143

개의 3차원 다양체를 정의하는 것도 가능하다. 3차원 유클리드 공간 R^3
은 세 개의 직선(x축, y축, z축이라 생각해도 된다)의 직적이고 반공간 H^3은
두 개의 직선과 반직선의 직적이다. 구면과 선분의 직적이 3차원 애눌러
스이고 구면과 원둘레와의 직적이 앞에서 정의한 Q이다. 그 밖에 여러 가
지 곡면과 원둘레와의 직적을 생각할 수 있다. 또 세 개의 원둘레 직적이
3차원 트러스이다.

그런데 맞붙임이나 직적으로 간단한 3차원 다양체의 예를 들어 왔지
만 이러한 방법만으로 모든 3차원 다양체를 망라할 수는 없다. 이미 언급
한 것처럼 3차원 다양체의 분류는 아직 되어 있지 않다. 다만 헤가드의 다
이어그램이라는 방법으로 모든 닫힌 3차원 다양체를 만들 수 있음이 알
려져 있다. 그것은 〈그림 144〉와 같은 경계가 닫힌곡면이다. 3차원 다양
체(내용물도 넣은 것)이고 이 경우는 솔리드 트러스라고 한다. 곡면의 지너

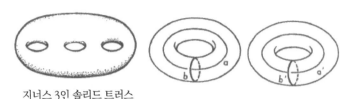

지너스 3인 솔리드 트러스

그림 144　　　　　　　　**그림 145**

스(구멍의 수)를 솔리드 트러스 지너스라고 부른다. 같은 지너스를 갖는 두 개의 솔리드 트러스의 경계를 맞붙인 3차원 다양체를 헤가드의 다이어그램이라고 부른다. 그 맞붙이는 방법은 가지각색이다. 예컨대 〈그림 145〉와 같은 지너스 1인 두 개의 솔리드 트러스를 맞붙이는 경우에도 a와 a', b와 b'가 겹치도록 하면 앞에서 예로 들은 3차원 다양체 Q가 되고 a와 b', b와 a'가 겹치도록 맞붙이면 3차원 구면이 된다. 마지막으로 유명한 헤가드의 정리를 언급한다.

"임의의 닫힌 방향을 부여할 수 있는 3차원 다양체는 하나의 헤가드의 다이어그램과 동상이다."

• 4차원의 직관

우리는 물리적으로는 3차원 공간에서 사는 사람이므로 고차원 공간에 관한 시각적 직관은 가지고 있지 않을 것이다. 그러나 우리는 3차원의 존재를 2차원적으로 표현하는 수단을 여러 가지 알고 있다. 예컨대 지도는

클로버형 노트

그림 146

한 장의 종이에 불과하지만 산은 높고 골짜기는 깊게 보이니까 불가사의하다. 명장(名匠)이 그린 그림은 2차원의 캔버스 위에 보기 좋게 입체적인 공간을 표현한다. 그러한 고상한 것을 생각하지 않아도 〈그림 146〉과 같은 노트는 틀림없이 입체적인 존재라는 것을 알 수 있다. 4차원의 경우도 마찬가지의 수단이 가능할 것이다.

하나의 수단은 투영(投影)에 의한 방법이다. 4차원 유클리드공간 R^4 의 도형을 R^4 속에 있는 3차원 초평면 R^3 에 사영하는 방법이다. R^3 내의 노트를 평면에 표현하는 것과 같다. 그림자로 들어가는 부분은 그리지 않고 둔다. 노트에서 선이 교차했을 때 그 아래의 부분을 그리지 않고 두는 것과 마찬가지다. 〈그림 147〉은 R^4 내의 클라인의 항아리이지만 a와 b의 사이는 4차원적 그림자에 들어가 보이지 않는 부분이다. 점선의 부분은 3차원적 그림자에 들어간 부분이다.

또 하나의 방법은 절단법이다. 지도의 등고선과 같은 사상(思想)이고 모스의 이론과도 깊게 관련되어 있다. 4차원 유클리드공간 R^4 내의 도형을 몇 개의 평행인 3차원 초평면으로 자르고 그 절단면을 높이의 순으로

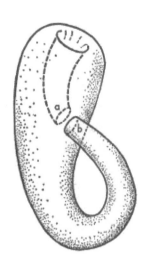

그림 147 | 클라인의 항아리 투영

배열해서 도형의 전모를 파악하려는 방법이다. 〈그림 148〉의 A는 클라인의 항아리를 11개의 평행인 3차원 초평면으로 잘랐을 때 절단면을 차례로 배열한 것이다. 하나하나의 절단면은 3차원 공간 내의 도형이라는 것에 유의하기 바란다. 투영법에 사용한 클라인의 항아리와 동위이다. 1, 4, 8, 11에 임계점 a, b, c, d를 가지고 있다.

〈그림 148〉의 B는 4차원 공간 내의 사영평면을 10개의 평행인 3차원 초평면으로 절단한 절단면의 그림이다. a, b, c가 임계점이지만 특히 b의 임계점이 주목할 만한 가치가 있다. 그것은 b보다 위의 절단면을 보아도 아래의 절단면을 보아도 절단면의 곡선을 한 번 비틀고 있는 부분이 본질적이다. 〈그림 148〉의 c와 같은 절단면을 갖는 구면은 노트되고 있지 않

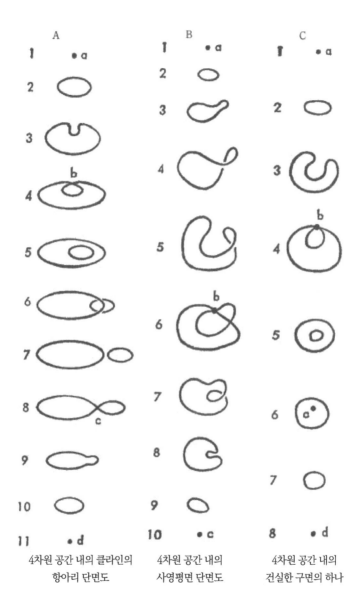

A

1   • a
2
3
4   b
5
6
7
8   c
9
10
11 • d

4차원 공간 내의 클라인의
항아리 단면도

B

1
2
3
4
5
6   b
7
8
9
10 • c

4차원 공간 내의
사영평면 단면도

C

1   • a
2
3
4   b
5
6   a•
7
8   • d

4차원 공간 내의
건실한 구면의 하나

그림 148

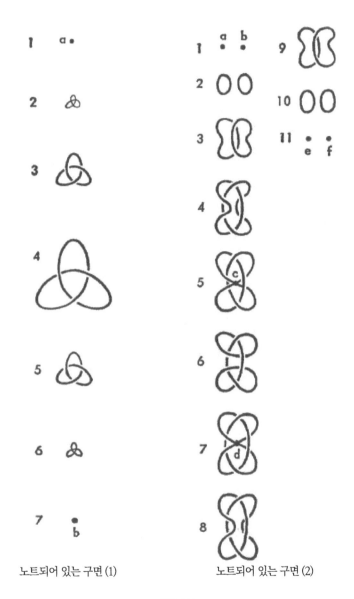

노트되어 있는 구면 (1) 노트되어 있는 구면 (2)

그림 149

은 것은 간단히 확인할 수 있다.

〈그림 149〉의 노트되고 있는 구면 (1)은 앞의 절에서 언급한 3차원 유클리드 공간 R^3(4의 절단면에 해당하는 3차원 초평면) 내의 클로버형 노트를 두 점 $(a$와 $b)$로부터 서스펜션한 곡면이다. 이 곡면은 임계점 a와 b의 점에서 매우 비정상으로 되어 있다. 곡면이 전체로서 노트되고 있을 뿐만 아니고 a와 b의 근방에서 국소적으로도 노트되고 있다.

노트되고 있는 구면 (2)는 (1)과 달라서 국소적으로는 이상 없다. 임계점은 a, b, c, d, e, f의 6점인데 이것은 건실한 임계점이다. 그러나 전체로서는 노트되어 있고 아이소토피에 의해서 보통의 구면에 서로 겹치는 것은 불가능하다.

• 70년대의 토폴로지

10년 전 또는 20년 전에 현재의 토폴로지 학문적 전개를 예측할 수 있었던 사람이 몇 사람 있었을까? 50년대, 60년대에 선두에 서서 개척자로서의 사명감에 불타서 토폴로지의 세계를 개척해 온 사람들만이 그 선견지명을 자랑할 수 있다. 그러나 그들이라고 해도 자기가 최초에 예상하고 계획한 것과는 매우 다른 방향으로 진행되어 온 것은 아닐까.

우리도 토폴로지를 연구하는 그룹의 일원으로서 70년대의 토폴로지에 대한 전망을 가져야 할 것이다. 가령 그것이 예상이 빗나간다 해도 전망 없이 이제부터의 10년을 보내는 것보다는 나을 것이다.

그 첫째로, 3, 4, 5차원에 남겨진 기본적 문제, 푸앵카레의 예상, 쉔프리스의 예상, 기본 예상, 삼각형 분할 문제 등에 대한 공격이다. 이 저차원의 문제는 열대의 정글 탐험과 비슷하여 첫걸음을 실수하면 미로에 들어가 헤맬 가능성이 적지 않다. 그러한 위험을 피하기 위해서도 조직력과 기동력을 가진 연구체제를 짤 필요가 있다. 현재 일본의 토폴로지계는 그 잠재력을 가지고 있다. 요는 어떻게 해서 그 잠재하고 있는 능력을 효과적으로 집중시키는가 하는 것이다.

둘째로, 수학계에서 다른 분야와의 협력에 의한 토폴로지의 발전일 것이다. 물론 종전에도 연속군론, 위상해석 등을 중심으로 많은 성과를 올렸지만 이러한 추상수학의 세계에서 한 걸음 나아가서 더 구체적인 대수학, 해석학의 분야나 거듭 응용수학과의 협력관계도 필요해질 것이다.

셋째로, 수학 이외의 세계와 토폴로지의 결합이 거듭 심화되어 갈 것이다. 그래프의 이론 등을 핵으로 하여 토폴로지의 여러 가지 결과가 경제적, 공학, 이학 등에 응용됨과 동시에 토폴로지적 사상이 일반사회의 구석구석까지 침투할 것이다. 유클리드기하가 2천 년의 역사 속에 지하수처럼 인간사회를 윤택하게 하고 있는 것과 마찬가지로 토폴로지도 거듭 깊은 저변의 흐름으로서 인간의 사상 속에서 성장해 갈 것이다.

토폴로지적인 사고방식은 이 책에서 여러 번 반복했다. 거듭 정리하면 지금까지의 고전기하에서는 다 처리할 수 없었던 일반적인 도형 즉 일그러진 것이나 병적인 것도 토폴로지에서는 고찰의 대상이 된다. 유클리드적인 정연한 도형이 아니더라도 그 도형이 갖는 성격, 즉 도형의 골격이 되는 구조를 추구하고 있기 때문이다. 그러한 일반적인 도형을 대상으로 하고 있다는 것은 또 여러 가지 물리적 현상이나 논리적 개념과 수학과의 관계를 심화시키는 결과가 된다.

토폴로지의 또 하나의 큰 특징은 국소와 대국(大局)의 관계를 항상 잊지 않는 것에 있다. **"나무를 보고 숲을 잊지 말자. 숲을 보고 나무를 잊지 말자."**

이것이 토폴로지 정신이다.